Chenggong

ZhiNeng Kao Nuli

成功，只能靠努力

每个人的人生道路，都躺在自己足下；
每个人的奋斗历史，都藏在自己身后。

崔生祥◎著

宝剑锋从磨砺出，梅花香自苦寒来。

不举步，越不过栅栏；不迈腿，登不上高山。
不从泥泞不堪的小道上迈步，就踏不上铺满鲜花的大道，
成功的大门只会向努力工作的人敞开。

图书在版编目(CIP)数据

成功,只能靠努力/崔生祥著. — 北京:
企业管理出版社,2013.5
ISBN 978-7-5164-0343-3

Ⅰ.①成… Ⅱ.①崔… Ⅲ.①成功心理—通俗读物
Ⅳ.①B848.4—49

中国版本图书馆 CIP 数据核字(2013)第 085987 号

书　　名:成功,只能靠努力
作　　者:崔生祥
责任编辑:周灵均
书　　号:ISBN 978-7-5164-0343-3
出版发行:企业管理出版社
地　　址:北京市海淀区紫竹院南路 17 号　　邮编:100048
网　　址:http://www.emph.cn
电　　话:总编室(010)68701719　发行部(010)68414644　编辑部(010)68414643
电子信箱:80147@sina.com
印　　刷:北京市德美印刷厂
经　　销:新华书店
规　　格:170 毫米 ×240 毫米　　16 开本　印张 13.5　200 千字
版　　次:2013 年 5 月第 1 版　　2013 年 5 月第 1 次印刷
定　　价:32.00 元

前 言

追求成功几乎是每个人一生的目标。然而想要取得成功，只有梦想是行不通的，还需要付出切实的努力。西班牙作家塞万提斯说过："努力是成功之母。"事实的确如此，世界上没有一蹴而就的成功，每个成功者都是依靠自己的努力才取得令人羡慕的成就。

现代社会赋予了成功很多种定义。那么，究竟什么是成功？成功是要有很多很多的钱吗？中国最新居民的幸福指数调查表明，真正的有钱人的幸福指数并不高，农村居民的幸福指数要比城镇居民的幸福指数高。成功是要有很大的权力吗？而玩弄权势、声名显赫的高官巨贾有多少因为贪恋权力而贪污受贿，锒铛入狱……实际上，成功的标准定义就是设定目标并且达到目标的过程。作为企业的一名员工，你是否优秀，是否成功，并不取决于你现在的职位高低，而是取决于你是不是一个对企业有价值的人，是不是企业发展壮大所不可缺少的优秀人才。

要成为企业的优秀人才其实并不难，任何人都有成为优秀员工的潜质。怎样做呢？道理再浅显不过了——努力！只有通过努力的工作，才能在职场上做出出色的业绩，让你在众多的竞争者中变得出类拔萃，成为企业领导重用的人才。

道理说起来简单，做起来难，当遇到工作中的困难或挫折的时候，千万不能自暴自弃，放弃了自己为之努力的激情和动力。身为企业员工，我们一定要明白这样一个道理：努力工作的员工把命运牢牢地掌握在自己的手中，而不努力的员工只能让别人牵着鼻子走。只有掌握自己的命运，才有可能在未来获得成功。

因此，作为职场人，应该把自己的全部精力都投入到工作中去，并且通过自己的努力做出成绩，让自己脱颖而出。

须知，天下没有免费的午餐，想要拥抱成功，就需要付出一番努力，想要出类拔萃，就需要付出比别人多几倍的辛勤和汗水。古语说："业精于勤而荒于嬉。"每一棵参天大树都是从微小的种子成长起来的，每一个辉煌的未来都是靠平凡铺就而成的。把握现在，珍惜工作的机会，因为任何的机会都藏在努力勤奋中，当机会来临的时候，你才不会让机会从身边溜走。

工作赋予了我们人生的价值，是我们生存的需要，也是一个帮助我们超越自己的很好的平台，当你深切地意识到是为了自己而努力工作的时候，就不会再让自己处于抱怨、懈怠、消极、被动的负面情绪中。而你的世界也会因此而变得与众不同。

改变心态，以一颗积极进取的心对待每一天的工作。任何一份工作都值得我们用心做好，只有努力付出，从最基础的工作做起，才能为将来积累丰富的经验，才能从当前的工作中学习到更多的知识技能，提升自己的能力，为自己走向更高的职位而奠定基础。

我们都是企业中的普通平凡的员工，但是对于我们自己来说，坚持每天努力工作，把平凡的工作做得不平凡，就是一种成功。"不积跬步，无以至千里"，成功其实并不遥远，每一个人都有可能成功，最重要的就在于我们有没有恒心，是否努力，是否有着远大的梦想，是否在自己的本职工作上踏实做事，认真工作。

坚持为了成功而努力工作，你的工作就会充满快乐，相信在未来的某天，你的人生价值和人生目标终会得以实现。

目录 Contents

第一章　努力第一：只要每天努力工作，成功自然水到渠成

成功没有捷径，唯有不懈努力。努力工作能够得到工作给予你的丰厚回报，让你体会到工作中的乐趣。最重要的是，工作能让你完成自己的人生理想，实现自己的价值，找到人生的意义。空有理想抱负而不行动是可笑的，也是愚蠢的，努力工作是成功的唯一通道。在自己当下的工作中做切实的努力，成功自然水到渠成。

第二章　坚持梦想：人生只有奋斗不止，梦想之花才不会凋零

人有了梦想就等于有了前进的目标，有了崇高的梦想，还需要矢志不移的坚持。否则，梦想只能是昙花一现。有了坚持，梦想之花才会永不凋零；有了坚持，生命才会创造奇迹；有了坚持，梦想就不再遥远。努力工作，用当下的行动去证明自己的坚持和努力，你的人生才会因此而充满激情，成功才会对你敞开大门。

第三章 找准方向：方向正确才会在辛勤耕耘后迎来丰硕的收获

想要在工作中获得成功，只依靠努力和勤奋是不够的，还需要有正确的方向，我们的努力才能起到事半功倍的效果，才会让我们在人生的奋斗之路上少走弯路，方向正确，踏实前行，才能够在努力后收获成功的硕果。

第四章 停止抱怨：抱怨只会消磨斗志，停止抱怨才能拥抱成功

很多时候我们总是对工作充满抱怨，认为工作就是一种折磨。但是，当我们放下抱怨，打开心扉，以积极的心态面对工作中的困难时，就会发现，工作并非都是苦难和折磨，抱怨才是对自己最大的折磨。只要停止抱怨，努力拼搏，成功则不请自来。

第五章 提高效率:努力提高工作效率,“苦劳”才会变为“功劳”

对于企业员工来说,不能提升个人的工作“效率”,就很难实现自我价值的提升,更可能导致所有努力都白白浪费。因此提升效率已成为我们工作时的准则,唯有在同一时间生产出更多产品、激发更多的灵感、创造出更高的绩效,才是屹立职场,永远不被他人取代的唯一良策。

第六章 勤于思考:拆掉思维里的墙,就能少流汗水多出成果

任何一个公司都希望自己的员工在工作中勤于思考,这是完成工作计划中非常重要的一环。在企业中善于思考,勤于思考的员工,总是能够在工作前思考周详,也能够保证顺利地完成工作。如果不善于思考,只是在接到工作任务后简单地执行,当遇到不可预期的困难时,就很难顺利完成任务。不要做“无心的懒人”,在工作中积极动脑,为企业多做贡献,你就会发现工作中的很多乐趣,升职加薪的机会也会接踵而至。

第七章　赢在乐业:乐业是我们一直努力工作的动力之源

在企业中最好的工作方式就是把工作当成一种乐趣,快乐地工作。在快乐情绪的带动下,人们的工作质量往往是最好的。只有先乐业,才能做到敬业,才能主动承担起对工作的责任。当乐趣充满了工作的过程,工作就会变得轻松、快乐。可以说,快乐是工作的动力。乐在工作,并把它当作是一种收获成长的经历,你会发现工作的闪光之处。

第八章　注重落实:把工作落实到位,努力才不会变成徒劳

很多人拥有着超凡的智慧,但是只有少数具有行动力的人获得了成功。造成这种差别的关键就在于工作是否落实到位。工作没有落实,一切目标和计划都成了空话。落实是企业发展的根本保证,落实也是员工进步发展的支撑点。在落实的面前,思想并不能代替实际的行动,好的战略如果没有人去贯彻落实,也仅仅是束之高阁的方案。落实一边连着企业的长远发展,一边连着企业员工的工作质量,因此,只有把工作落实到位,才能完美地完成工作任务,这是每一个企业员工应尽的责任。

第九章 感恩的心:让努力在感恩中凝结为成功的硕果

感恩的品性具有照亮宇宙的魔力,感恩的品质能够铸就职场永久的丰碑,感恩的处世具有海阔天空的舞台。这就是感恩成就高度的意义所在。当你学会感恩的时候,就会明白工作的初衷是为企业提供最好的结果,而最终成就的却是自己。心怀感恩,努力工作,才能获得自我的成长,增加自己的事业筹码。把感恩当作一种工作的态度,才能挖掘出自己无穷的潜力,成为一个受欢迎的人,进而开启自己事业的成功之门。

第一章

努力第一：只要每天努力工作，成功自然水到渠成

成功没有捷径，唯有不懈努力。努力工作能够得到工作给予你的丰厚回报，让你体会到工作中的乐趣。最重要的是，工作能让你完成自己的人生理想，实现自己的价值，找到人生的意义。空有理想抱负而不行动是可笑的，也是愚蠢的，努力工作是成功的唯一通道。在自己当下的工作中做切实的努力，成功自然水到渠成。

1. 没有努力就不会获得成功

从古至今，人们都对成功趋之若鹜。然而，真正能够功成名就的却是少数。有人在追求成功的道路上被苦难打倒，就此一蹶不振；有人高呼着“我要成功”的口号，却在残酷的现实面前畏缩不前；也有人默默地努力付出，却因为迟迟没有结果而灰心丧气，犹豫不决……

问问你自己：

你是否觉得自己没有足够的工作经验和社会实践而不敢踏入复杂的社会？

你是否觉得自己的专业知识不足而怀疑过自己的能力，不敢向更大的困难挑战？

你是否觉得社会上人才济济，而你不过是沧海一粟，微不足道？

你是否觉得自己运气不好，空有一番伟大的理想和满腔的抱负而无处施展，无人欣赏？

那么，这些都能成为阻碍你成功的理由吗？你是真的努力了吗？

也许你会说“我渴望成功，但是就差那么一点运气”，你也会质疑“努力了就一定会成功吗”。我能告诉你的是，天上没有白掉的馅饼，虽然努力了并不一定能够成功，但是不努力就一定不可能获得成功。因此，对于渴望成功的人来说，无论如何都要努力，因为这是你走向成功的最基本的条件。

当然，在经济高速发展的现代社会，一夜暴富、一夜成名已经不是什么稀奇的事，但是，你有没有想过，在“一夜”之前，他们难道没有努力辛勤地付出过？只花两块钱买彩票就中了几百万的事情也是存在的，但是据说这个概率相当于一个人在有着几百万人口的城市里被巨雷连续电击几次那样的渺茫。与其幻想意外的金钱降临到你的口袋里，不如踏踏实实地做好你最应该做的事——努力工作，而工作给你的财富要远远大于有限的金钱。须知，万丈高楼也是由一块块砖头砌成的。表面上看起来，一个人的成功似乎很意外，很走运，然而仔细探寻其背后的原因就会发现，一切都是在意料之中的。即使那个成功的人看起来其貌不扬，甚至资质平平，但持久努力的工作会让一切愿望最终变成现实。

实际上，一个人的职业生涯就好像在爬山，当看到登顶的人在振臂高呼时，不用羡慕，这一切都不是突然得来的，而是一个慢慢累积的过程。但是人们总是喜欢看到一个人的光芒四射，忽视了这个人从黯淡无光到蓄热发亮的艰难过程。

走近那些平凡的劳动者们，不难发现，成功也是和辛勤的劳动付出成正比的。

天津钢管集团股份有限公司是世界上单厂规模最大，生产线最多、产品规格最全的无缝钢管生产企业。这里的现代化生产线达到了当今世界无缝钢管生产工艺的顶尖水平，每一个能够进入这里工作的员工都倍感自豪。

程旭飞是这里的一名员工。他所在的钢管加工部门是无缝钢管生产的最后一道“关卡”，也是要求技术含量最高的工序，身为电点作业区的作业长，程旭飞用自己辛勤的汗水浇灌出事业的丰收硕果。

22年前程旭飞从机电学校毕业时，还是个没有任何经验的小伙子，被分配到大无缝后，成为了一名管加工部的设备电气维护人员。当时厂里的设备都是从国外引进的，不仅设备结构复杂，而且对技术要求也很高。年轻的同事里大多是大学毕业生，其他的员工也都是从其他部门调过来的有着高超技术的精英骨干。而程旭飞作为一名刚刚中专毕业的普通维修工，相比之下逊色了很多。为了不被企业所淘汰，也为了能够赶上其他的同事，程旭飞把自己埋在了刻苦学习、努力勤奋的海洋里。他深知，除了加倍努力，没有任何捷径。

在工作时，程旭飞一步不落地跟在外国专家后面，学习他们怎样调试机器、编制程序，然后用心记下每一个细节，再把设备控制画成草图。下班后，不管多晚他都要整理一天的记录，反复揣摩、思考，有不懂的地方就查阅资料或者问别的同事。

程旭飞自己也说："我并不是个聪明的人，但是我相信笨鸟先飞，勤能补拙。"就这样，他不分昼夜地闷头学习、实践，终于解决了很多工作中的困难，还成为程序软件的高手。

成天和这些机器打交道，让程旭飞磨炼出了一身本事。他不仅摸透了这些机器的"脾气"，还能够熟练地控制它们，小到开关故障、信号不灵，大到解决机器的程序运行，他都驾轻就熟，厂里的几十号设备和生产线更是熟稔于心。

在担任工程师时，程旭飞发现当时厂里引进的设备机器的操作界面都是英文的，对大多数员工来说要操作机器十分困难，而稍不留神就会引起重大的事故。为了了解设备，工资只有千把元的他前后花了上万元购买了学习资料、专业书籍，铆足了劲儿地学习。通过不断地努力，他成功地把英文界面编译成简单的用户软件界面，没有花费公司一分钱，领导和同事都对他竖起了大拇指。

在 2010 年，天津钢管集团公司向美国引进了几套管线接箍凝结剂拧接机，结果在安装上出现了问题，外国专家错误地把电气台架上巅峰传感器和输出电磁阀的操控装置安装在马达控制中心里。程旭飞及时地发现了这个错误，并要求外国专家重新安装，但是外国专家拒绝了，也不肯承认安装错误。于是，程旭飞查找了许多资料，并进行了多次试验，而结果证明程旭飞的想法是正确的。在事实面前，外国专家无话可说，同意了重新组装设备，并按照程旭飞的方法操作。这套设备在成功安装后，不仅使得工作时间大大缩短，还为天津钢管集团公司节省了 20 万元的成本，创造经济效益高达 100 多万元。

如今，程旭飞已经实现了自己熟练驾驭世界一流设备的理想，还通过自己的努力解决了连许多外国专家都无法解决的难

题，成为企业不可缺少的精英电气维护专家。

为什么程旭飞能够取得事业上的成功，而且成就远远大于那些学历和资质比他高得多的人？实际上，他的成功是与他的努力实干分不开的，他的每一分收获都凝聚着努力和汗水。可见，只有付出劳动才能收到回报。一分耕耘一分收获，日积月累，以少聚多，即使是再蠢笨的人，只要肯努力并坚持下去，也同样能够取得成功。

其实，我们每个人都懂得“勤能补拙”的道理，然而究竟有多少人真正受到启发？在工作中依旧有好逸恶劳、浑浑噩噩的员工，他们始终不明白一个直白浅显的道理：唯有依靠努力勤奋的美德，认真完成自己的工作，才能在人才济济的职场中立于不败之地。

2．工作不努力，你就会被别人替代

我们每个人都不能回避一个铁打的事实：在社会中首先要学会生存，需要养活自己和家人，在这个前提之下才能谈到个人的理想和追求，才能过自己想要的生活。因此，这就需要你有一份工作，而且必须努力干好工作。因为工作是你的立身之本。

工作是每个人的立身之本，如果不努力工作，就会被别人所替代，失去了工作，就等于失去了人生的依托，因此必须努力工作，避免被淘汰的厄运。

曾经有人做过研究，在世界上唯一能登上金字塔的生物只有两种：一种是鹰，另一种是蜗牛。而不管是天赋异禀、有着极佳飞行能力的鹰，还是资质平平、行动缓慢的蜗牛，它们之所以能够登上金字塔的顶端，俯视四野，离不开四个字：努力攀登。可见，除了努力之外，通往成功的道路没有任何捷径。

联系到现实，我们经常看到一些刚刚踏进工作岗位的年轻人，他们容易产生一种浮躁的心理，总是朝三暮四、眼高手低，轻视自己的工作，白白浪费了自己的工作机会，到头来一事无成。其实，工作并没有好坏之分，任何工作都能够帮助我们走向成功。一旦选择了一份工作，就应该踏踏实实地做下去，只有立足岗位，脚踏实地，才不会被别人所替代。

苗伟在一家民营企业工作了两年。这家民营企业规模不大，只有他一个会计。时间一长，苗伟觉得自己是企业里的“财政官”，他掌握着企业所有的财政大权。他觉得自己是大材小用，认为企业对自己有所亏欠，工作时总是表现出懈怠感，面对前来报销、对账的同事总是很不耐烦。他心里想：“反正企业里只有我懂得财会，老板离不开我，如果没有我，谁也拿不到工资。”就这样，他有时把应该今天发的工资拖到了明天，有时把应该这个月报销的账单拖到了下个月。时间长了，有同事看不过去了，劝他说：“现在同事们都对你的做法有些意见，你要注意了，不然老板会炒你鱿鱼的。”

但是苗伟不以为然，他满不在乎地说：“没事儿，企业就我一个人懂会计知识，如果没有我，企业连工资都不能发。再说了，我的能力还没得到充分利用，我还觉得委屈呢！”

正所谓隔墙有耳，不久后这些话就传到了老板那里。老板一直对苗伟的态度有所保留，现在听到他竟然公然说出这样的话，再也无法忍受，终于把苗伟扫地出门。

之后，苗伟先后换了几个工作，但是在事业上还是毫无起色。后来，他得知，原来的企业在辞退他之后，又请了一个年轻的会计。这个会计由于工作认真负责，努力进取，得到了老板的赞扬和肯定。这个会计还对企业内部的财务系统做出了很多建树，为企业做出了贡献，企业即将扩大规模，而那个会计即将升任为财务总监。

苗伟的失败在于他主观上认为自己是企业不可替代的员工，却迟迟得不到重视，因此消极怠工，目中无人，对待工作敷衍懈怠，而这样做的结果只有一个：被企业所淘汰。实际上，在当今竞争激烈的现代社会，已经没有任何工作是“铁饭碗”了，想要保住自己的工作，让自己变得不可替代，唯一的方法就是努力工作，不断完善自己，让领导和同事感受到你的积极进取，用自己的努力工作为企业带来效益，这样你的地位才会大大提高，让人无法小看你。

即使你的能力和经验不足也不要紧，如果想要在人才济济的企业里拔得头筹，在职场竞争中取得胜利，就一定要牢记：用努力之石，补能力之失。用自己的坚持和努力经营好你的事业，在专业上练就属于自己的独特绝技，掌握别人没有的资源，使自己成为在企业中存在的理由，方能积累安身立命的资本。

乔亚新是青岛一家五星级酒店的二厨，他做不出什么上得了台面的名菜，平时主要的工作就是帮主厨打打下手。虽然很辛苦，但是他并没有轻视这份工作，而是更加勤奋努力，下班的时候就喜欢在厨房里钻研菜品。他研究出一道很特殊的甜点，叫做“脆皮炸鲜奶”。他做出来的这道甜点口感润滑香甜，色泽艳丽，外形也十分漂亮，

一次，这道甜点被一个长期住在酒店里的客人发现了，他品尝后觉得非常美味，十分欣赏乔亚新的厨艺，每次到酒店里都会点乔亚新的这道“脆皮炸鲜奶”。

乔亚新所在的酒店对员工要求相当严格，每年按照惯例都要裁掉一些员工，而在经济低迷的时候，酒店淘汰员工的比例会更多。在这种情形下，员工们倍感压力。然而毫不起眼的乔亚新却丝毫不担心自己被裁员。很多人都怀疑他有某种深厚的背景或者过硬的后台。后来，在年底的员工表彰大会上，酒店的总裁解开了大家的疑惑。原来，那个客人是酒店里一位很重要的客户，是个商人。他已经决定投资这家酒店，而乔亚新就理所当然地成为了酒店里最不可替代的一名员工。

工作不怕低微，只要努力和用心，再简单平凡的工作都可以做出伟大的事业，让你变得出类拔萃。在一个专业上做精做尖做好，做出成绩，需要长期的坚持和不懈的努力。学会善于思考，灵活运用所学知识，追随自己的内心，不甘于工作的平庸状态，勇于创新，这样你也会变得不可替代。

也许，你曾经遭受过挫折，经历过失败，这些负面的影响造成你工作的倦怠，长期重复单调的工作让你失去了激情和动力，变得只会惯性工作。这个时候，如果不想结下被裁掉的恶果，就一定要主动调整自己的心态和行动，在众多不够积极的员工中脱颖而出，努力开拓属于自己的领域。任何人都无法取代你的行动，也无法夺走你的回报。你的每一份付出和收获都是属于自己的。

在适者生存、优胜劣汰的现实社会里，优秀的人才永远会站在金字塔的顶端部位。也正因为如此，社会才得以进步，而那些懒惰消极的人永远是被社会所淘汰的那一拨，这也是公平原则的基础。

很多企业的老板多年来费尽心机寻找的人才并不需要具有多么出众的工作能力，但是他们必须具备努力刻苦、勤奋踏实，凡事尽职尽责的品质。企业老板请了一个又一个员工，而这些员工最终因为懒惰、不思进取、马虎而遭到了解雇。而与此同时，在社会上很多的失业者纷纷抱怨现在的企业和社会福利对自己的不公平。

须知，人生的大部分财富都是平凡的人们通过自己的切实努力而获得的。周而复始的工作，日常的琐碎任务，无法避免地遇到种种的困难和麻烦，这是我们必须承担的职责。对于那些总是能够对工作努力用心的人来说，生活总是善待他们的，会为他们提供足够努力的机会和进步的空间。而对于他们来说，能做到这一点，就不必为自己的前途担心。一旦你被企业定义为是一个勤奋努力的员工，即使你的能力再差，你都能受到人们的欢迎和肯定。

3.

努力工作是一种人生境界

人活在世界上，构成自己生命要素的最基本的一点就是不断地追求。这种追求包括两个方面：一是对物质的追求，另一个是对精神的追求。物质的追求是低层次的，不在乎柴米油盐酱醋茶，而对精神的追求却是高层次的，是一种对人生境界的追求。人如果只追求物质上的满足，只求三餐温饱，没有更高的要求，那么只能说明他是一个低等的人，这样的人只能处于社会的底层，一生碌碌无为，甚至遗臭万年；而追求精神满足的人会使其人生境界不断达到新的高度，被社会所认可，他们对社会有所贡献，而社会对他们的回报也是巨大的，他们的美名将会流芳百世，为人们所津津乐道。

同样的社会，为什么会有如此不同的差距呢？关键就在于他们是否懂得为社会做出贡献，是否努力工作。

“两弹一星”之父邓稼先和他的同事们走进了与世隔绝的试验区，隐姓埋名，为祖国的事业默默地努力奉献着，中国因此有了今天的国际地位，神州大地上也因此有了神舟七号、神舟八号飞船的成功上天。

被誉为当代工人阶级好榜样的许振超同志，一开始只是一个只有初中文化的普通工人，后来成长为世界闻名的吊桥专家，两次刷新了集装箱单船卸载的纪录，他的功绩与他不断追求、刻苦努力的工作是分不开的。

杂交水稻专家袁隆平培育的水稻产量由原来的300斤提升到了1000多斤，让中国的3亿人脱离了贫困，走向了富强之路，可谁又知道，他成功背后有过多少的辛酸和艰难？

……

这样的例子还有很多，造就他们成功人生的根源说起来很简单，就是努力工作使他们的人生增值，使他们的生命提升了一个高度，这样的人生是辉煌的，也是值得人们赞颂的。

人们用自己的努力工作为企业、为社会带来的贡献可以是重要的发明创造，也可以是惊天动地的举动，但是绝大部分努力工作的人都表现在平凡琐碎的工作岗位上。比如焦裕禄、雷锋，他们在自己的岗位上默默地努力工作，最后达到了一种高尚的境界，成为被人们效仿称颂的道德典范。

在我们的身边也有许多努力工作，默默地无私奉献的劳动者，他们的工作平凡、琐碎、简单，但是他们勤勤恳恳，在工作上比别人付出了几倍的时间和精力，他们在努力工作的过程中，也为其人生提升到更高的层次，为创造他们的辉煌人生打下了坚实的基础。

于志远是中国保健按摩的创始人，是身价千万的富翁。然而在三十几年前，他还只是北京崇文区鲜鱼口浴池的一名普普通通的搓澡工。对于"搓澡工"这个出身，于志远在任何场合里都毫不忌讳，相反，他还以此为荣。

当年从农村插队回到北京后，于志远被分配到浴池做搓澡工。搓澡工的工作是重复单调的体力活儿，辛苦有目共睹，这种工作也很容易被人看不起，于志远饱尝了这种辛酸。他有过犹豫、有过失落，在他刚开始做这个行当的时候，就连自己也看不起这个职业，对待工作一度消极懈怠，提不起精神。但他相信知识能够改变命运，他把全部精力放在了学习上，只有初中毕业的他读完了高中的所有课程后，他决定参加高考。这时，领导的一番话如同一盆冷水把于志远的心凉了个透。领导说："你把精力放在学习上是好事，学以致用，将来能为人民造福，但是你现在做的就是服务工作，为什么不能踏实做好呢？"听了领导的话，于志远若有所思，他望着浴池炉膛里燃烧的熊熊火焰，有些迷茫，有些沮丧，但是后来他还是想通了。他做出了一个惊人的决定，放弃他一直渴望的大学梦！他要在自己的工作岗位上努力干，一定要干出个人样来！

从做出决定的那一刻起，于志远终于把心平静下来，此后踏踏实实地努力工作，很快就成为了浴池里最勤快的搓澡工，有时最多能搓 130 个澡，经常能看到黄豆大的汗珠从他的额头上滚落。

为了在自己的岗位上做出不凡的成绩，于志远开始琢磨起这份工作的意义。当他发现当时的中国竟然没有一本关于搓澡的书时，毅然决定自己动手写。但是真正开始动笔的时候，他发现并不是想象的那样简单，一番冥思苦想，竟然无处下手。后来，浴池里来了一位老教授，一边搓澡一边跟于志远聊天。老教授说："小伙子，搓澡很好啊，搓澡就是按摩嘛！"这句话让一直苦于找不到思路的于志远茅塞顿开，由此，保健按摩的概念在于志远的头脑里产生了。

于志远用了整整十年的时间，十年里的每一晚上他都是开着台灯到凌晨，第二天天刚蒙蒙亮，他就跑到天坛，锻炼自己的双手力度——用十个手指抓着墙，让身体保持悬空 40 分钟，直到清晨的阳光一点点温暖他。

俗话说"只要工夫深，铁杵磨成针"，有了坚定的目标，再经过自己的用心练习和努力工作，他的手艺也越来越精湛，修养和境界也提高了一大截，很快于志远就成为了远近闻名的技艺高超的按摩保健师。

于志远编写的《中国保健行业技术标准》成为了第一本中国保健按摩行业的行业标准书，在书里，他总结的第一套保健按摩手法也成为人们按摩推拿的标准手法，填补了国内关于按摩这一行业的空白。2006 年，于志远被选为首届全国中医保健按摩行业专业委员会副主任。他还获得了中国"保健按摩博士"的殊荣，当之无愧地成为了中国保健按摩行业的奠基人。

在面对一份被人瞧不起的工作时，如果当年的于志远选择了消极懈怠，那么就不会有他今日的辉煌成就。而事实上，很多人在对待工作时都是如此，他们把工作当成养家糊口的营生，当一天和尚撞一天钟，也因此，中国有上千万的搓澡工人，只有一个于志远做出了名堂，甚至搓出了个行业，搓出了个国家标准，也成就了他自己。

可以说，于志远用自己的真实人生经历证明了一个真理：只有努力工作，再平凡的工作也能成就伟大！

也许，一个人终身的努力工作，努力的结果却好像流星一样划过，之后便无影无踪，但是他的生命轨迹却丰厚有力，让人印象深刻。在这些人看来，努力工作已经不是做给别人看的了，而是升华了自己的理想，证明了自己的价值。努力工作，是人生的一种很高的境界。只有不懈地努力，才能走向成功，即使一时难以接近成功的大门，但是我们也对自己的付出无怨无悔。

看看那些下岗的工人和失业者，从一开始的失落和窘困，到市场摆摊卖货，面对曲折的生活重新选择一份工作，是他们不懈地努力支持着他们找到了生活的支柱，找到了属于自己的落地生根的位置。作为企业中的一员，我们应该倍加珍惜现在的工作机会，踏实努力地做好眼前的工作。无论是从农村走进城市的打工者，还是腰缠万贯的企业家，努力工作都是为自己赢得价值和尊严的最好方式。面对竞争激烈的大千社会，只有努力才能使自己的职业之路畅通无阻，站稳自己的脚步，让自己成为最大的赢家。

4. 天道酬勤，努力就会有回报

在很多人看来，要想成就一番事业，就一定要站在很高的起点或平台上。如果环境不好，工作岗位又很平凡，那么自己很难有所作为。那么，事实真的如此吗？

让我们看看普通人王家权的故事。

1981年，王家权以优异的成绩从东北输油管理局技工学校毕业，被分配到管道局的钢管厂，成为了一名普通的钳工。

从进入工厂的那一天开始，一向认真的王家权就为自己定下了人生的准则：即使做不到最好，也一定要努力工作。为了尽快掌握并熟悉钳工的实际操作技能，王家权在一踏进厂房就跟在了师傅的后面，仔细观察师傅的每招每式。只要师傅在的地方，就一定能看到他的身影。他就像是个寸步不离的“小跟班”，总是问这问那，谦虚好学。

很快，有了实践的经验，再加上扎实的理论基础，王家权在钳工上的技能一天天熟练起来。仅仅跟了师傅一年，就已经出师，并且可以独立跟班工作了。

当时厂里的设备很粗糙，经常在工作的时候出现各种各样的问题，于是王家权就一边干活，一边琢磨着怎么能更好地解决。那时候，每次处理完机器的故障，王家权总会把处理的方法和结果记在本子上，逼迫自己做个有心的人。就这样，日积月累，一番摸爬滚打下来，王家权的工作经验越来越丰富，钳工技术也越来越精湛。

2001年，因为工作表现得突出，王家权被提升为钳工班班长，同时承担下了生产调型的重要任务。在加工生产钢管的过程中，调型的成功和失败会直接影响到钢管的生产能否成功，因此王家权的班组可以说责任重大。凭借着高度负责的精神和严谨踏实的工作态度，王家权总结出了一套有效的模式，对每一个辊的角度、每一组数据都进行了精确的测量，把失误减少到最小。结果，终于把调型的任务做到了百分之百的成功，没有浪费企业一根钢管，而且质量也有了很大的提高。这次任务的成功让王家权所在的企业在同行业内占据了竞争的优势地位。

原来，王家权所在的一车间的机器设备陈旧落后，因此造成了高消耗、低产能的缺点。2002年，钢管厂承担了“西气东输”德国工程任务。这个工程任务是生产国家重点管线工程用管。极高的质量标准、严格的交货日期让钢管厂的领导们感到了前所未有的压力。

在接到了这一重大任务后，王家权不敢怠慢，面对困难的现状，他在车间工友们的帮助和支持下，组织和发动了大批有经验的技术骨干们献计献策，以降低成本、提高产品质量为准绳，加大力度改造设备。在讨论中，王家权自己就提出了20多个改造设备的方案。得到了车间领导的批准后，开始一一实施。

实际生产中还有许多想象不到的困难，遇到了钢管成型板位难以调整的问题时，王家权针对这个问题，转换思路，把4辊递送转为了2辊递送的方式，不但减少了断弧的概率，还消除了因为压力跑偏调整不便造成的卷边和钢板顶肿等现象。在工作进程中，车间的接板管一直存在隐患，为此，王家权另辟蹊径，下足工夫摸索、实践，终于在七辊矫平机的中心线和递送线上发现了问题。通过重调设备，终于解决了这个难题。

天道酬勤，努力就会有回报。在王家权的不断努力下，一车间经过了20多项技术改革，生产线的产品质量有了极大的提高，完全达到了设备生产高质量钢管的要求。他不仅出色地完成了国家重点工程交付的生产任务，还奠定了钢管厂在全国行业企业中的重要地位。

时代呼唤着出现更多的“王家权”。这样的人是企业梦寐以求的人才。而只有一心扑在自己的工作岗位上，用自己的努力和辛勤的劳动才能换来丰厚的回报，开创属于自己的世界。

可见，平凡的岗位上同样可以取得优秀的成就，卑微的事物中同样孕育着不凡的作为，工作并没有高低贵贱之分，而是在于每个人是否对自己的工作做到足够尽心尽力。

你想要高年薪？你想要获得领导和同事的认可？你想要证明自己的价值？想要取得这些并不是依靠多么深厚的关系背景，也不需要好运会降临到你的头上，而是依靠不断的勤奋和努力。

有调查显示，在当今的社会里，有99%的员工都是由一个普通的员工做起的，这些员工都是从企业的基层员工做起，慢慢奠定了自己职业生涯的基础。作为企业中的一员，如果想要得到快速的发展，就不能为自己找任何的借口，应该把自己的全部身心都投入到工作中去，对工作认真负责，想企业所想，跟企业共甘苦，真心实意地为企业贡献自己的力量，这样企业一定会给你丰厚的回报。

在企业处于危难关头的时候，一定要提醒自己坚持下去，在困难面前主动承担自己的责任，为企业尽自己最大的力量，在紧要关头力挽狂澜，这样一旦企业有所转机，就一定会给你很大的回报，高薪厚职也不再是遥远的梦想。

可见，只要足够努力，一个人的薪水完全是可以自己决定的，你的能力、你的忠诚、你的才华、你的经验和你对工作的敬业态度都能够决定你的薪水的高低。只要努力工作，为企业创造最大的价值，你的薪水就绝对不会低。

无论在任何一家企业，无论任何一个领导，都不会无视你的努力，即使你的贡献只有一点，但是很多的时候，正是这一点微小的贡献，使得你在众多的同事中脱颖而出。因为领导看到了你的价值，因此会主动为你加薪，提高你的待遇。

只要你切切实实地努力了，踏踏实实地付出了，你的收入自然会水涨船高，任何一个人，只要在工作中勤恳努力，任劳任怨，就能够得到相应的回报。所谓天道酬勤，说的就是这个意思。上天只会青睐和厚报那些肯努力、肯吃苦的人，而成功也从来都只属于他们。

5. 今天工作不努力，明天努力找工作

在很多企业和公司的墙壁上都能看到这样的标语："今天工作不努力，明天努力找工作。"而实际上，这并不仅仅是一条标语，而是真真切切的残酷的现实。

企业或公司作为一个经济实体，其根本目的就是盈利。为了达到盈利的目标，企业就会裁掉一些无法为企业带来效益，甚至拖累企业的员工，而首先选择的目标群就是那些不努力工作的员工。与此同时，企业还会不断吸收一些新员工加入到企业中来，这几乎是每一家企业的常规做法。不管业务多么繁忙，也不论经济多么萧条，优胜劣汰的法则一直不变地进行下去，那些无法胜任工作，对工作不忠的员工一定会被关在企业的大门外，只有拥有一定的技能并肯努力工作的员工才会受到企业的厚待。

不论是什么样的企业，那些最容易被淘汰掉的员工一定是不努力工作的员工，任何一个员工如果不能在自己的岗位上做到合格，就只有失业的结局。所谓“能者上，庸者下，平者让”，说的就是这个职场颠扑不破的道理。不要以为你和领导的关系好、后台硬；不要以为你的能力卓绝，与众不同；不要以为你的手段高明，出类拔萃，这些都不能成为你不被企业淘汰的保证。在现实的职场中，工作业绩始终是第一位的。如果没有业绩，一切就等于零，任何借口和依托都是毫无用处的。而工作业绩是同员工自身的努力成正比的。世界上没有不劳而获的成绩，不努力就不会有收获，没有业绩，你最终的结果只能是被企业扫地出门。

霍婷的朋友徐可在一家化妆品公司做营业员。徐可做营业员已经有6个年头了，但是连个主管都没混上。为此，徐可总是很郁闷，向霍婷抱怨自己的不公平待遇，诉说老板的不具慧眼，诉说同事对她的排挤。

有一次，霍婷路过徐可的化妆品店，决定顺便看看她。刚走进店门口，只看到徐可懒洋洋地坐在柜台下的椅子上，手里还拿着手机在玩游戏，顾客过来时也是一副爱理不理的样子。原本有顾客想要向她询问一些问题，但是看到她这种冷漠的态度，便欲言又止，转身去别处了。一连来了5个顾客，徐可都没有理会。第6个顾客主动询问时，徐可竟然说了句“爱买不买”，气得顾客挥袖而去。这时，霍婷实在看不下去了，走到了徐可面前。徐可看到了老朋友，显得非常兴奋，不停地和她说话，其间又有几个顾客想要询问商品，她也未加理睬，只顾着和霍婷聊天。霍婷好心劝了她几句，徐可却说：“管他们呢，让他们自己选好了。”

这下，霍婷终于明白为什么徐可做了6年都只是个平凡的化妆品营业员了。

几个月以后，霍婷再去徐可的店里找她时，发现她已经不在了。据店里的一位营业员说，徐可已经被公司解雇了。对此，霍婷没有感到一点儿奇怪。因为，对于一个工作毫无认真态度，不努力、不进取的员工，失去工作只是早晚的事。

像徐可这样的员工并不少见，但是他们不一定明白“今天工作不努力，明天努力找工作”的道理。他们不明白，丰厚的物质回报是建立在努力工作的基础上；他们也不明白，即使工资再低微，也应该充分利用工作的机会让自己的技能得到最大限度地提升；他们更加不明白，如果自己不努力工作，不珍惜工作的机会，他们的工作就会被别人所替代，就得重新找工作。

然而很遗憾的是，很多员工总是在失去了工作，在体会到找新工作的艰难才后悔不已，后悔自己为什么当初不努力工作。更可悲的是，那些陷入了“找工作——不努力工作——失业——找工作”的怪圈的人，他们甚至不认为自己错了，而是抱怨找不到好的“伯乐”。但是，这又有什么用呢？

实际上，如果今天工作不努力的话，找到了工作也迟早会失去工作。即使勉强应付几年，抱着得过且过的想法浑浑噩噩地混日子，从没想过如何提升自己的能力，做了多少年后，你还是一无所得。不仅浪费了自己的时间，还容易养成散漫、拖延的恶习。这时你已经不再年轻，经验却很少，想要再换一份称心如意的工作，谈何容易？

今天工作不努力，明天就算努力也找不到工作。要知道，工作的机会是很珍贵的，那我们为什么不能努力工作，珍惜这个机会呢？但凡在一个稍大一点的城市，一个工作机会总是有几十个人在竞争，没有任何人能保证幸运女神会降落在自己的头上。因此，只有珍惜眼前的工作机会，努力工作才是明智的行为。否则就会失去宝贵的工作，不得不重新开始，为找工作而奔波劳累。

如果你有一份工作，那么你无疑是幸运的，如果你能努力把工作干到最好，那么你一定是幸福的！工作就像一座煤山，只有用激情的火种才能让它燃烧，让它释放出巨大的能量。每一个工作岗位都是一块充满着旺盛生命力的肥沃土壤，你撒下什么样的种子，就会结出什么样的果实。只有用心地做好工作中每一件事，那么无论你在任何的工作岗位都能得到巨大的回报。

世界上没有后悔药可以买，等到你因为不努力而失去工作的时候，已经为时已晚。当你拥有一份稳定的工作，却不懂得珍惜，等到失去的时候才明白工作的可贵，这个时候才想到后悔，但是后悔已经不能起到任何的作用了。工作的机会并不是俯首皆是的，尤其是一个薪水好一点的工作，总是有十几个甚至上百人在同你竞争，如果你不珍惜现在的机会，就只能在失去后重新折腾，再找新的工作。

端正自己的态度，不要让劣质的工作腐蚀你的心灵。如果失去了工作，你就失去了生活的最起码的依托，你的家庭就会失去最主要的经济来源。不要让自己可有可无地存在着，任何时候行动也绝不会晚，让我们从现在做起，努力做好工作吧！只有干好工作，做出成绩，才是对自己、对家庭、对企业最满意的答复。

6.努力是最聪明的选择

经常能看到这样的员工，他们对待工作投机取巧，糊弄领导，想用轻松的工作来换取最大的收益。他们不知道其实大多数老板都是很精明的，他们都希望能拥有很多优秀的员工，希望员工能为企业带来很多的利润。如果你能够努力做好工作，尽力完成应该做的事，那么总有一天，你能够赢得自己想要的生活，这是一种最聪明的选择。

然而可惜的是，在现实的工作中，很多员工只知道抱怨工作，抱怨企业，却不知道反省自己的工作态度。他们不知道自己能被企业和领导重用的前提是自己必须努力工作，而不是整天应付、敷衍工作。他们认为“只要过得去就行了，何必这么认真呢！”殊不知，机会就在这种应付的状态中丢掉了。这些员工在消极懈怠的工作状态里失去了对工作的热情，不能够全身心地投入工作，也不能在工作中取得骄人的业绩。他们这样做的结果就是“聪明反被聪明误”，最后断送了本来可以升职加薪的大好前途。

张清是一贸易公司的员工，这一天，他接到了老板的任务，需要在一周之内起草一份同客户公司的销售合同，因为张清学的是法律，所以起草这样的合同对他来说是驾轻就熟的事。第一天，张清的手头还有其他的工作做，但是他想反正还有时间，明天再做也来得及；第二天，因为上午有一些突发事件，因此直到下午下班之前，张清原来的工作才勉强做完；第三天，他刚准备动手起草合同的时候，同事的工作遇到了困难，他帮助那个同事，又浪费了一上午，到了下午，张清就没有再做工作的心情了，因为明天就是周末了。张清想，周末有两天的时间呢，怎么也能够做完了，不用着急。结果第四天的时候，张清的一帮朋友搞了一个聚会，大家整整玩了一天，晚上又出去喝酒，喝得酩酊大醉，一直到第二天的中午才起床。起床后的张清感到头疼得厉害，吃了几片药后，又躺下去休息，接着又睡着了。

第六天上班后，在周一的例会上，老板问张清，合同是否完成了，张清没敢说实话，只是说已经做得差不多了，只差一些具体的数据要核实一下，明天就能交上。

开完例会后，张清终于慌神了，赶忙开始动手起草合同文书。这一做才发现，原来这个合同远远不像他想的那样简单，其中还涉及许多他并不熟悉的领域，此外还需要用许多实证的数据来支持。也就是说，这个合同用一天的时间是根本无法完成的。到了现在，张清才意识到为时已晚，大脑一片混乱。

最后，由于没有及时地完成老板交代的工作，老板对他渐渐地失去了信任，从此不再重用他，张清觉得自己在公司没有了立足之地，前途一片灰暗，无奈之下离开了公司。

张清的失败就在于当老板交给他工作时，自作聪明地认为可以轻松地应对，因此没有立即执行任务，而是一直拖延，想当然地认为自己能够完成，结果不仅没有完成任务，还丢失了老板对他的信任，最后连工作都丢掉了。

实际上，在工作的过程中，领导不可能看到每一个员工所做出的努力和成绩，但是，如果你能够对每一项工作都认真对待，不论领导在或不在都是一样。久而久之，你的努力和认真自然会得到领导的肯定和认可，那时你的付出就得到回报，领导也会把你应该得到的职位和薪酬给你。然而可惜的是，张清却并没有意识到真正地对工作负责并非只是一时的负责，而是要负责到底，这不仅仅是对待工作的态度，也是对待自己的态度，对工作负责就等于是对自己负责，如果对工作应付了事，就等于是对自己的放松，那样的结果可想而知，势必会给自己未来的发展带来不好的影响。

工作中的人，当你看到了张清的故事后，你会领悟到什么呢？你是否也有过这样得过且过的念头呢？你有没有真正踏实地工作呢？你的“小聪明”真的能为你赢得领导的认可吗？如果你产生过消极怠工的想法，并且真的这样对待工作，你就等于做了最愚蠢的事情……这种做法无疑等于亲手埋葬了你的事业。

其实，无论我们从事的是什么样的工作，只要努力去做，并且坚持做好，就一定能够取得成绩，为自己开创一番成就。想要为自己的理想升值，为自己的希望镀金，就要在工作的过程中不懈地努力，不断地耕耘，这样才能在将来收获到累累的硕果。

努力勤奋永远是走向成功的不二法门，那些试图走捷径，不想努力的人总是会被拒在成功的门外。

在这个物质高度发达的社会，努力和勤奋是弥足珍贵的。在企业中，这一点对于领导来说是宝贵的，但更重要的是努力对个人的成长能够起到巨大的推动作用。勤奋是走向成功所必须具备的品德。很多人都具备丰富的知识和很强的能力，但是他们缺乏勤奋踏实工作的态度，因此自己的才能和潜力一直得不到完全的发挥，也成了阻碍他们走向成功的绊脚石。

很多时候，你在费时费力地去做一些额外的工作时，看起来好像是在做无用功，但是从长远来看，你的这种“傻”的行为对你将来的发展是十分有益的。这种看似“无用”的工作是一种积累和沉淀，积累的是你的工作经验，沉淀的是你的工作精神，这种积累和沉淀是弥足珍贵的。只要你用心工作，努力工作，这种积累和沉淀就会积沙成金。如果你什么工作都能做，什么苦都愿意吃，那么这种积累和沉淀就会最终变成你最宝贵的品质，让你拥有不同凡响的气质和卓越的能力。因此，你就比一般人拥有更多的机会，也更容易取得成功。千万不要因为工作太苦太累而消极对待，因为正是工作的辛苦和艰巨才能更好地磨炼你的意志，使你的才能得到更好的发挥。

在当今社会，不少企业的员工以等价交换的方式定义自己的工作，不懂得努力进取，不肯多做一点的工作，他们认为企业给自己多少工资，自己就干多少活儿。这样，就等于无形之中把自己当成了一头拉磨的驴子，主人喂给多少草料，就拉多少圈磨。须知，你所在的企业并不是进行廉价、等价交换的农贸市场。我们必须认清企业的功能，企业是一个让你实现自我价值的最好的平台，只有通过自身积极努力的工作，才能最大限度地为企业创造效益，贡献出自己的价值，企业通过你的努力工作而获得了效益，并且看到了你的努力的态度，不仅会给你应得的报酬，还会为你提供更多的机会，帮助你实现自己的理想。因此，如果总是对工作持有一种应付了事的态度，能少做就绝不多做一点，能躲开就躲开，采取等价交换的方式来对待自己的工作，这样做的结果就是，企业不会给你机会，你个人的能力也得不到提升，就只能在原地踏步，最后被优秀的员工所取代。

可见，应付工作就等于在应付自己，只有在工作里时刻保持努力的态度，领导和同事才能更加信赖你，从而给你更多的机会，你才有可能在竞争中脱颖而出。其实生活和工作都是公平的，你付出了汗水，才能有所收获，而当你斤斤计较、锱铢必较时，往往最后颗粒无收，无功而返。

只有努力才是企业员工最聪明的选择，你选择了努力工作，就等于选择了一条正确的通往成功的道路。这条道路也许荆棘密布、坎坷波折，但请相信，道路的终点一定是夺目的辉煌。

7.

最吃亏的事情就是不努力工作

在很多人眼中，工作只是一种谋生的工具。特别是在现在这样一个择业自由、职场自由的年代里，频繁跳槽似乎成了很多人的家常便饭。有些人把工作看得无关轻重，他们总是认为在这个经济快速发展的社会里，机会随手可得，不用发愁自己没有立足之地，认为“此处不留人，自有留人处”，这样的想法让他们对待工作总是不能尽全力，也不珍惜自己的工作，根本没有想过通过自己的切实的努力，真正把工作做好。他们生怕自己多做一点工作，觉得多做了工作就等于吃了亏。因此，他们工作时总是得过且过，消极懈怠，最后一无所成，甚至被企业扫地出门。

殊不知，不努力工作才是最吃亏的事情，也是职场中的大忌。如果仅仅把工作当成是谋生的手段，就等于把自己的付出和未来的收获割裂开来。而如果把努力工作当成是一种对未来的投资，今天的努力工作就等于浇灌成功的种子，努力工作就不再是为了别人而打工，而是在经营自己的未来，经营自己的事业。通过企业为我们架设的平台，我们的努力才可能有所收获，最后取得成功。

在秦岭南坡的柞水县有一个水电站，这里有一个叫汪义军的副站长，他已经在这个水电站工作了近20年的时间。水电站坐落在植被茂盛的大山之中，汪义军就是这样把自己扎根在大山之中，努力工作，默默地奉献着自己的一切。

1991年，汪义军刚刚参加工作时，只是一名普通的维修工，他每天的工作就是检修机器，确保设备的正常运转。每天，汪义军都会同维修人员一起，针对水电站特殊的地理环境，对渠道、各个机组等危险的部位来回地巡护排查，极大地减少了事故的发生。在长期的刻苦钻研中，汪义军总结出一套省时、省钱，又可以加强安全的设备维修方法，并将其游刃有余地投入到了实践中。由于他的表现出色，对工作尽职尽责，很快成为了维修设备的行家能手。

汪义军自己也说过："工作之所以这么努力，并不是想要取得多么高的成就，我只是做好我应该做的事，我是一个维修技工，我这辈子都是为机械而生的。"在汪义军成为维修的行家后，他并没有把自己简单地定位在维修技工的身份上，而是心系工作；为了确保消除设备的安全隐患，保证设备的使用率和完整率，他经过一番深思熟虑，大胆地提出了对两台机组进行轮修大改造的方案，他的方案的提出使电站的建设更加完善。在对两个机组进行全面检修的过程中，汪义军始终奋战在检修第一线上，每天起早贪黑地坚守着自己的岗位，连续几个星期都没有休息过一天。由于工作环境的艰苦和生活节奏的不规律，汪义军落下了胃病的毛病。在检修设备项目启动时，汪义军已经感到身体不舒服，但是这个硬汉子并没有把自己的病情告诉别人，而是硬挺着，一直坚守在机房重地。几天后，汪义军胃疼得忍受不了，才在工友们的陪护下前往十几公里外的医院进行检查。在医院，汪义军的病情刚刚稳定一些，就迫不及待地打电话给电站，询问设备的维修进度，同时一再叮嘱重点细节。汪义军对工作的忘我精神让整个水电站的职工都为之感动和钦佩。

20 多年来，汪义军已经把水电站附近的大大小小的事情全部刻在了脑子里。无论谁提出任何关于水电站的问题，汪义军都能回答得清清楚楚，这也让他在进行抢险排查工作时更加顺利。汪义军感慨地说："我这一辈子最大的快乐就是能在水电站里工作，在站里解决各种技术问题。我对机械的研究，是永无止境的。"

汪义军对工作认真努力的态度为他赢得了人们的尊敬，也书写和实现着他的人生价值。工作一开始，他并没有因为自己是一个小小的维修工而不认真对待自己的工作，相反，他努力地付出，默默地耕耘，不仅提高了自己的专业技能，还赢得了企业的认可，被提升到副站长的职位。他在努力的同时，等于也为自己创造了成功的机会。

努力工作是一种聪明的选择。这是因为，努力工作的同时，也是在对自己能力的锻炼，在努力的过程中使自己的能力得到了提升。如果整天怕做工作，自己的能力始终得不到提高，就很难做到与时俱进，最后还可能被企业所抛弃，这难道不是一种更加吃亏的做法吗？鲁迅先生说过：“哪里有天才？我只是把别人喝咖啡的时间用在了工作上。”可以看到，企业中的优秀人才往往都是比别人更加努力工作的那一个。可见，努力工作是不吃亏的。我们应该多反思一下——我们从工作中学到了什么？我们得到了什么？进而在努力工作的过程中不断提高自己的能力，发现工作的乐趣，制造成功的惊喜，在努力工作中创造出属于自己的奇迹。

如果你拥有一份工作，那么你是幸运的，须知，每年全世界有很多的流浪者、失业者，还有很多为了生计而四处碰壁的人。而对于已经有了一份工作的你来说，为什么不好好珍惜它，努力把工作做到最好呢？有了工作，我们才能和社会接轨，才能与时俱进，才能找到自信，活得有尊严。对于每一个员工来说，工作就如同身体里的血液一样重要，失去了血液，身体就是一具空壳；失去了工作，我们就无法追求自己的理想，实现自己的人生价值？把工作当成儿戏的人，才是真正的愚蠢！无论是机遇、薪水、知识、技能、人脉等重要的资源都是需要依靠我们的努力才能获得的。不努力就没有成功，不努力就没有成绩，不努力的人连工作的机会都可能失去，还何谈事业？何谈成功？因此，我们要珍惜工作，取得成功，就要付出艰辛的努力，付出全部的心血，这样才是真正的聪明。

实际上，吃亏才是占便宜。这个道理在工作中体现得尤为突出。世界上没有白流的汗水，也没有白白的付出。千万不要觉得自己多做一点工作就是吃了亏，要知道，你在“吃亏”的同时已经得到了很多。只有聪明的人才会不吝于在工作中的努力付出，并且从工作中收获到经验和知识，而目光短浅的人只看到眼前的蝇头小利，总是牢骚不断，抱怨不停，最后成为职场中的失败者。

无论做任何工作，每做一件，就等于为自己积累了一些经验，每天多做一点工作，就等于是对自己能力的锻炼。抓住每一次机会，并为之努力地付出，才能迅速地成长起来。久而久之，不但可以收获很多专业技能，还为自己未来的工作发展奠定了坚实的基础。

人生就像是在滚雪球，最重要的是不断努力积累的过程。让自己的心沉淀下来，认真努力对待工作，不要认为努力工作是吃亏的行为，很多时候，“吃亏”反而意味着你对工作的忠诚和坚持，让企业觉得缺你不可。实际上，在工作上吃亏的员工得到的比费尽心机的聪明人更多。那些表面看起来聪明的人，其实是“聪明反被聪明误”，让一点小聪明毁掉了大好的前程，这才是真正的吃亏！

第二章

坚持梦想：人生只有奋斗不止，梦想之花才不会凋零

人有了梦想就等于有了前进的目标，有了崇高的梦想，还需要矢志不移的坚持。否则，梦想只能是昙花一现。有了坚持，梦想之花才会永不凋零；有了坚持，生命才会创造奇迹；有了坚持，梦想就不再遥远。努力工作，用当下的行动去证明自己的坚持和努力，你的人生才会因此而充满激情，成功才会对你敞开大门。

1. 梦想是我们努力工作的动力之源

人类因为梦想而伟大。石油大亨洛克菲勒曾经说过："不指望机会会降临在自己头上的人，其实是承认自己的无能。机会只会降临到有梦想的人的头上，追求实现理想的愿望越迫切，那么他最终取得成功的概率就越高。没有什么比拥有梦想更接近成功的了。一个人拥有梦想才能有战胜一切困难的勇气和信念，有梦想的人甚至能改变自己与生俱来的性格。"

每个人都有属于自己的梦想。而每个人的梦想和现实的距离却是各不相同的。但是有一点相同，那就是有梦想的人总是不甘于平庸，也从不会在工作中迷茫困顿，而是借助对未来的美好期望摆脱困境，积极主动地拨开迷雾，探索出一条通往成功的光明大道。

可以说，人们因为拥有梦想而激情四射，对未来充满热情，梦想是我们对美好生活的向往和憧憬，也是促使我们努力工作，创造自己辉煌事业的动力之源。

一个人要想取得成功，就一定要有梦想，并经常予以肯定，不断给予积极、正面的心理暗示，进行自我激励，这样才能在工作中获得源源不断的动力。

有这样一则小故事：

有一只住在山谷的小毛虫，有一天它梦到自己爬到了山顶看到了整个山谷。它醒来后觉得自己最想要去的地方就是山顶，它决定把梦想变成现实。于是小毛虫开始向山顶爬去。其他的小动物都非常惊讶小毛虫这种不切实际的做法，开始纷纷地嘲笑它："你根本不可能爬到那么高的地方，你不过是一只小小的毛虫，对你来说，一块石头就好像山一样，一个水坑就好像海一样，一个树干都会成为你不能越过的障碍，更何况是大山。"而小毛虫并没有被小动物们的话吓到，而是依旧挪动着小小的身体，一步一步地向着自己的方向努力爬行着，爬行着……终于小毛虫爬得筋疲力尽，于是决定停下来休息一会儿，并用最后的一点力气筑造了一个可以休息的小窝——蛹。最后，山谷里的动物们发现小毛虫"死"了，都来向它的遗体告别。这时，大家惊讶地看到，小毛虫贝壳般的蛹开始蠕动并且破裂开，一只美丽的蝴蝶出现在大家眼前，随着微风振翅高飞，飞到了大山的顶部。重生后的小毛虫终于实现了它的梦想。

我们听过很多破茧成蝶的故事，而这则故事给我们的最大启发就是，即使自己像小毛虫一样平凡微小，但是只要心中有梦想，就有了勇于冲破阻碍，战胜困难的决心和动力，才有了把梦想变成现实的可能。

在现实的生活中，并不是每个人的梦想都能够成为现实，但是值得肯定的一点是：有梦想总比没有梦想好。尤其对于企业中的一分子来说，拥有梦想，有自己为之奋斗的目标和抱负，工作才会有激情和动力，才有可能最后走向成功，否则，工作就会变得失去乐趣，成功也会变得遥遥无期。因此，不管我们的梦想是否能够实现，一定要给自己一次"做梦"的机会，美好的梦想能够催人奋进，督促自己不断地追求成功。

在不少著名人物的传记中，我们经常可以看到，这些成功人士往往要等上很多年，才能够获得成功。英国著名作家托尔金将自己半辈子的心血都用在了他的三部曲史诗《行会首领》上；法国萨特用了将近 10 年的时间才完成他的第一本书，在这 10 年里，萨特把注意力都放在了这本书上，并且经过了三次的修改，但是最后却遭到了几乎所有出版商的拒绝。试想，如果没有一个宏大的愿望和梦想支撑着他们，他们能拥有这么大的动力吗？如果他们没有这种强大动力，他们又怎么会牺牲自己这么多宝贵的时间呢？还有许多伟大的艺术家、歌唱家、舞蹈家也同样如此，虽经几年的努力和执著，但是他们却从不轻易放弃自己的梦想，他们当中有许多人是过了很久之后才成名的。如果要问他们：付出这么多的艰辛努力值得吗？他们一定会回答你：值得。而且必要的话，他们还将一直这么做下去。一个人拥有坚强的信念和伟大的梦想时，他就会变得专注，并一如既往地坚持下去，而这样的人往往才会取得成功。

但凡有梦想的人，在工作中就会具有积极的动力和活力，这是因为梦想在牵引着他，如果没有了梦想，那么他在工作中就会变得死气沉沉，毫无动力。对于企业的员工来说，只有建立自己的梦想，并将之融入到自己的工作中去，才会自觉自发地尽自己最大的努力去工作，最后取得成功。

有了梦想才会有目标，才有前进的动力，才有了为实现梦想而做的努力。在工作中，很多员工只是肤浅地认为只要辛勤地工作就是努力了，实际上，勤奋工作并不代表你真正地投入到工作中。同样是砌墙，有的人埋头苦干，默默耕耘，但是觉得自己的工作很无聊、枯燥，但是为了生活还是认命地做下去；有的人一边砌墙一边幻想着墙砌好后的样子，墙上也许会爬满了牵牛花，孩子们会爬上墙头看风景，他努力砌墙的同时，已经在心里看到了自己努力后的成果，可以说，他是快乐的，他的工作也变得更有价值和意义。

周玲是某航空公司的空中小姐，她平时很喜欢环游世界。另一个空中小姐李丽也同她一样，但是她还希望有自己的事业，最好是和旅游有关。李丽每到一个地方，就会用心记下她所经历的一切，并写在日记里，尤其是每到一个地方的旅馆和餐厅，她都会把她的经验分享给乘客们。

终于，李丽的热情、专注让领导对她十分欣赏，再加上她丰富的旅游知识，于是把她调到了旅游部门。李丽在这个部门就好像鱼儿到了大海一样，而且她还掌握了更多城市的旅游信息和动态。不到几年的时间，通过自己的努力，李丽拥有了自己的一家旅行社。

而周玲呢，她一直都只是一个普通的空姐。尽管她的工作也很努力，但是一直没有什么升迁的机会，而唯一能够改变她现状的，似乎只有结婚嫁人了。

实际上，之所以周玲和李丽的结果不同，不在于周玲不够努力，而是因为她没有自己的梦想，只是随性地到处去游玩，不把旅游看作是能够发展自身潜力的活动。可见，没有梦想的，往往只能在原地打转，这对于自己的工作和未来发展没有任何益处。

只有拥有梦想，才能在工作上做到完全地投入，这样机会便会向你抛出橄榄枝。每个人都有懒惰的一面，即使对成功的渴望再强烈的人，也有提不起精神的时候，只要能意识到这一点，并坚持不向惰性折腰，为了自己的梦想而努力奋斗，那么成功就指日可待了。

在企业中有很多员工都明白自己应该做什么，可是就是迟迟拿不出行动来，根本原因就在于这些员工缺少一些能够让他们为之努力奋斗的梦想。只有怀揣梦想的员工，才是有追求，有上进心的员工，他们深刻地懂得工作是为了什么，因此能够付出自己百倍的努力，最后也更容易取得成功。

一个人只有拥有梦想才能产生前进的动力，有了梦想才能拥有热情和积极性，才能对工作产生使命感和成就感。那些有梦想的人能够明确自己的前进方向，工作得很充实，注意力也会高度集中。相反，那些没有梦想的人总是感到内心空虚，思维混乱，分不清楚轻重缓急，遇到事情犹豫不决，不知道自己应该做什么，不应该做什么，工作效率也大大降低。

只有建立一个宏伟的梦想，一个人才可能最大限度地发挥自己的潜力，并且在不断努力追求自己理想的过程中挖掘自己的创造力，不断磨炼自己，最后成就自己。

2.

坚持梦想需要持之以恒的毅力

毅力是一个人走向成功所必须具备的素质，也是一个人坚持梦想的助推器。如果一个人没有毅力，就会被生活和工作中遇到的种种苦难和挫折打败，甚至在还没开始之前，就已经被自己打败。因此，坚持梦想需要你有持之以恒的毅力，这样你才能走向成功。

红军两万五千里长征为世人所称赞，与红军持之以恒的毅力是分不开的。在前有敌军飞机的侦察轰炸，后有国民党军队的围追堵截之下，红军随身的装备只不过是小米加步枪，还要面对周围的恶劣的环境，很多时候红军连一餐饱饭都吃不上，只能靠吃皮带充饥，其艰难的程度可以想象。顺利长征归来的红军不愧是一支坚毅的部队，也为中国革命成功奠定了基础。红军的长征之所以能够取得成功，依靠的就是毛泽东的领导以及广大红军们为革命事业而奋斗的顽强的精神、坚定的信念以及将革命事业坚持到底的顽强毅力。

可见，毅力是考验一个人心理承受能力的标准，也是一个员工在企业中是否能够坚持下去的保障。毅力的作用是巨大的，当毅力和梦想结合之时，毅力就会发挥出令人惊叹的重要作用。因此，实现宏伟的梦想必须依靠坚强的毅力。如果没有毅力，梦想就无法成为现实，没有梦想，毅力就无从衍生。两者是紧密相连，相辅相成的。但凡那些事业成功的人，都有着坚强的毅力，而缺乏毅力也是失败者最大的共同点。

很多人在失败后不是及时在自己身上找原因，而是把问题归咎在没有运气，或者缺乏机会上。原因真的如此吗？你是否在确定了自己的梦想后制订出合理可行的计划，并下定决心，通过自己的努力而付诸实行呢？当你在回忆自己过往的时候，是否有很多次对自己说，“明天再做吧”，而等到了第二天的时候，却早已经将决心抛之脑后了？实际上，成功并不是说说就能实现的，需要通过切实的行动，需要依靠一个人坚强的毅力。拥有坚强毅力的人才能克服人生路上的任何艰难险阻，最后通过努力走向成功。

拥有坚强的毅力并不代表一味地蛮干，而是要求做工作时善始善终；拥有坚强的毅力也不代表着顽固倔强。拥有坚强的毅力要求我们从失败的过程中汲取经验教训，并且从错误和失败中找到正确的方法，并为之付出坚实的努力，最后让失败变成成功。相反，顽固倔强不是毅力，而是一种消极的品质，很容易破坏侵蚀人的意志，顽固的人不会从理性出发去考虑问题，也不讲求事实，做事情一意孤行，从来不听别人的劝告，只通过自己的主观判断而做事情，这样的人往往容易走向失败。

一件事情开始之后，能够坚持有始有终的人才是真正具有坚强毅力的人，如果在开始做事时，只凭着冲动和激情，那么随着时间的推移，你的热情就会渐渐消退，最后变得消极厌倦，做事也不能有始有终。因此，对于企业员工来说，在工作时有一个好的开头是很重要的，但是同时也要深刻地意识到，好的开头是做工作成功的一半，另一半则需要通过我们切实地努力和坚持，做到善始善终，这样才能得到一个好的结果。

王力、葛壮、张强三个年轻人一起去同一家公司面试，最后他们都留了下来。但是，在上班的第一天，老板就告诉他们，现在只是试用期，他们还并不是公司的正式员工。在第一个月后，公司会考核他们的工作状况，只有通过考核的人才能在试用期后成为公司的正式员工。三个年轻人都表示自己会努力工作，争取把工作做好。

试用期期间的工作量很大，而且工作枯燥乏味，三个人经常需要加班到很晚。但是他们都没有去抱怨，而是期待着能够顺利通过考核，成为公司里真正的一员，这样就可以做自己喜欢的工作。因此三个人对工作总是干劲十足。

很快，试用期即将结束了，三个人都认为凭借自己的优秀表现，能够得到公司的认可，顺利通过考核。考核这天下午，老板对三个年轻人说："很抱歉，你们都没有通过公司的考核，因此你们不能继续留在公司了。我会把这个月的工资清算给你们，你们拿好工资，上完今天的夜班，就都可以走了，希望你们以后找到更好的工作。”听完老板的话，三个人感到非常惊讶。但是事已至此，三个人只好叹着气回到了宿舍。很快就到了上夜班的时间。张强朝着厂房走去，他不想因为自己的原因而影响了整个厂房流水线的工作。而王力和葛壮得到了没有通过考核的消息后，心里已经完全没有上夜班的心思了，他们心想，既然工资都发了，他们没有必要再为公司努力工作，索性不去上夜班了。

像往常一样，结束了夜班的工作后，张强疲惫地走出了厂房，他惊讶地发现，老板正站在厂房的门口对着他微笑。老板招手把张强喊过去，对他说："恭喜你，你通过了我们最后的考核，我们决定聘用你成为公司的正式员工，你明天就可以到公司的总部报到，我会给你一个新职位。实际上，你们三个人的工作表现都很好，但是可惜的是他们没有坚持到最后，我们要选一个最优秀的员工，那个人就是你。"

只是因为一个夜班的差别，导致张强和其他两个人完全不同的结果。而造成这种不同结果的原因就是因为张强为了自己的梦想有持之以恒地毅力，对工作选择了坚持，能够做到善始善终。

实际上，做事情能够坚持到底，持之以恒，善始善终是一个人走向成功的必须具备的素质。具有坚强毅力的人一定具备强烈的责任心，做事积极主动，因此必定能够为企业带来效益，而这样的人也一定会被领导赏识，从而得到更多的升职加薪的机会。

在企业中的每一位员工都会对自己的未来职业发展有各种各样的计划和设想，只有具备持之以恒毅力的人才会坚持到底，最终实现自己的梦想。失去了坚定信念的员工一旦在工作中遭遇挫折，就会知难而退，甚至选择放弃，重新规划自己的梦想，可想而知，这样的人永远也不会成功。因为他们的一生都在制造梦想，而不是踏实努力地去实现自己的梦想。成功是属于那些做事能够坚持到底的人，没有毅力的人只能沦为成功者的陪衬。

坚强的毅力并不是与生俱来的，而是人的一种习惯，这种习惯也不是短时间能够形成的，而是通过人们的长期的实践活动而逐渐培养并发展起来的。拥有顽强毅力的人才能够经得起挫折的磨砺和考验,最终实现自己的梦想。

古往今来,那些优秀的成功人士并非只是凭借自己的聪明才获得成功,他们一定不缺少坚持不懈的努力和做事持之以恒的毅力,他们让这种毅力为自己所用,并且最终走向了成功。而那些失败者最终总是被自己的不能坚持所打败。可以说,促使一个人走向成功的因素有很多,最重要的是你是否拥有顽强的毅力,能够坚持自己的梦想,最终战胜阻挡在你面前的困难。坚持梦想,并通过自身的不懈努力,最后一定能够到达自己的目标。

3.“空谈”让梦想越来越远,努力使成功越来越近

经常会看到一些人,整天把所谓的“梦想”挂在嘴边,口中说着“将来会怎么样”,一副踌躇满志的样子,但是落到具体的工作时就退缩不前,犹豫不决。这些人在聊天吹牛时满腔热血,然而真正做好的事却没有几件,在工作上只能停滞不前。

在很多企业中,我们也经常能够看到满嘴大道理,工作起来却一塌糊涂的人,这样的人一开始看起来很有抱负,但是时间久了就会发现只是虚有其表,只有踏实努力的人才能成为受领导和同事欢迎的人。

有梦想并不是坏事,如果不能把梦想变成具体行动,就变成了“空谈”,这样做的结果只能让梦想离你越来越遥远。

改革开放30年,中国经济飞速发展,这个阶段是社会上讲求“实干”精神最有效果的时期。正是因为工人们努力肯干,我国的现代化建设取得了空前的进步,整个社会经济蓬勃发展。可见,努力踏实地工作是社会取得进步的保障，也是个人赢得成功的前提。

同样，许多企业工人都拥有着不凡的激情和梦想，但是在现实中做起实事来却变得不知所措。空谈而不能落实到实处，即使梦想再辉煌，计划再完美，也只能成为虚而不实的空中楼阁。

凡事只停留在表面，空喊口号是无法取得成功的，只有脚踏实地地去做才是成功的关键。只有在工作中做到言行一致，说到做到，而不是仅仅限于喊口号，做样子，那么你的工作才能取得成效。在工作中喜欢“空谈”的人，有一点点能力就过早地显露出来，这样只会遭到别人的反感，空有比别人崇高的目标却不肯努力去做，最后陪伴他的只有失败。

在当今的现实社会中，空有理想和抱负的人是很难取得成功的，只有从点滴做起，努力做好眼前的工作，遵循把当下工作做好的原则，才不会一事无成。脱离了实际的人空有梦想，把目标定得过于理想化，不肯脚踏实地，不能客观地评估自己的实力，这也容易让他们在走向成功的道路上遭遇失败的滑铁卢。

深圳一家家电生产企业曾经发生过一起管理上的“事故”。在2号车间里，有一台机器的运转出现了问题。经过技术人员的检测，发现问题出在了一个很小的环节上——机器的一个配套螺丝钉掉了，于是打算重新再买一个。但是根据企业的内部规定，必须先通过技术人员填写采购的申请单据，然后再经过上级的批准，最后还需要经过采购部长的审批同意，才能由采购员前去购买。

然而，问题又出现了。在市里的好多家五金店都没有这种特殊类型的螺丝，采购员又跑了很多家大型的商场，还是一无所获。

时间过去了一星期，采购员仍然在寻找能让机器顺利运转的螺丝，但是工厂却因为机器故障而不得不停产。企业的其他管理者都介入了这件事情，并仔细打听了这件事的前因后果，并积极地想办法寻找补救方法。就在这种“全民动员”的方式带动下，技术部门找到了机器生产商的电话。采购员打通了电话，咨询哪里有这种类型的螺丝出售。对方告诉他，家电企业所在的城市就有他们的分公司，可以去那里看看。

很快，不到半个小时，分公司就派人送货上门。问题终于得到了解决。解决问题的时间很短，但是找螺丝钉的时间却用了一个星期，而这个星期让家电企业的损失高达百万元。

其实，购买螺丝钉本来是一件很小的事情，但是就因为没有有效地落实到位，导致家电企业造成如此大的损失。我们应该从中获得一定的启示：有效完成任务的关键在于落实到位，无论从事什么样的工作，都应该学会当机立断，拒绝做样子，说大话，一步到位，争取避免企业遭受损失。

对于企业员工来说，能做到抛弃借口，做事当机立断，勤奋努力的人总能够在职场上获得领导的赏识和青睐。工作时摒弃“空谈”，勤奋努力的员工总能最先开启成功之门的钥匙。优秀的员工应该养成说到做到，立即行动的做事习惯，并把这种习惯养成一种自然，这样梦想就距离自己不再遥远。

很多优秀的人之所以最后取得了成功，就是因为他们在追求梦想的道路上，拒绝“空谈”，敢作敢为，在他们看来，与其夸夸其谈，不如脚踏实地地努力。想要成为一个成功的人，就必须具备坚强的毅力和勇气，在对事实有了一个正确客观的认识后，为之坚持不懈地努力，最后才能取得成功。

不“空谈”是一个成功者必备的心理素质，对于企业来说，企业需要的不是那种只会嘴上说得漂亮的员工，而是脚踏实地，努力肯干的员工。嘴上说得再好，也不如实际行动，只有勤奋肯干，才能跑在最前面。只有行动才会让付出得到回报。因此，努力实干吧，这样才能让你在工作中取得优秀的成绩。

务实勤奋，摒弃空谈，这是一个人取得成功的基本保证。鲁迅曾经说过：“只是空谈，是根本谈不长久，也谈不出什么的，空谈必将被事实的镜子照出原型，最后拖着尾巴离开。”事实证明，一切伟大的成就都是依靠实干，而绝不是空喊出来的。十个只会空谈的员工不如一个实干的员工。纸上谈兵的人是永远无法取得骄人的成绩的。幻想未来，不切实际，不肯付诸行动的人是毫无前途的。嘴上说得天花乱坠，不如脚踏实地去干。

身为企业中的一员，需要意识到，任何工作业绩都是自己努力的成果。对于领导而言，最看重的并非员工的能力，而是他们的实干精神。在工作中，有创新，有规划，也有勇气，但是就是无法取得成功，为什么？关键就是没有落到实处，往往是冲动一下就过去，根本没有达到预期的效果。因此，工作不能只是嘴上说得好，纸上写得好，而是要落到实处。

在企业中，要想不断提升自己，让自己脱颖而出，重要的不是空喊口号，而是勤奋肯干，抓紧落实。当你面对困难和挫折时，需要的是用刻苦努力的精神去战胜它，用实际的行动去征服它，而不是空有设计完美的计划。

对于我们每一个员工来说，一旦明确了自己努力的方向和目标，就要脚踏实地、勤勤恳恳地去努力实现这个当初定下的目标，不能被前进过程中的任何困难和艰辛吓倒。在企业中，你现在正在从事的工作和职业就是浇灌成功之花的土壤，只有比别人做得更专注，更努力，才能最终实现自己的梦想。

4.

绝不懈怠，在努力中实现梦想

大多数员工在企业中从事着平凡而简单的工作，日复一日，不少人不免对自己的工作价值产生质疑，觉得自己的梦想迟迟得不到实现。实际上，从很大程度上来说，真正能够影响社会，推动经济发展的并不是那些呼风唤雨的大人物，也不是才华出众的天才，而是那些在自己的工作岗位上勤勤恳恳，默默耕耘，用自己的努力来实现梦想的普通人。而那些在工作上取得优秀业绩的人无一不是努力勤奋工作的人。

王洪军是一名普通的一汽大众汽车的职工，但是他又不普通。电影《青春制造》就是根据他的真实故事改编的。来到一汽车间你就会发现,这个电影里的原型人物,其实和车间里的普通工人没什么两样。他的身材并不高大,而且样子很普通。他参加工作的10多年以来,一直在一汽大众的焊装车间工作。然而,就是这样一个貌不惊人的普通员工,却有着让人意想不到的作为。

王洪军是1990年从一汽技工学校毕业的,毕业之后就被分配在一汽焊装车间做了整修工,专门负责钣金的维修工作。这个工作的技术含量很高。最开始的时候,企业的钣金整修工作是由4个外国专家负责的,中方的员工只能打打下手,做一些辅助性的工作。而王洪军一边打下手、递工具,一边暗自学习怎么操作。一有空的时候,他就跑到图书馆阅读相关的知识,自学自练。通过对照书本的反复练习和几个月的实际操作,王洪军竟然能够自己修好一辆车。而且经过检查发现钢板的厚度和尺寸也完全符合标准。此后,王洪军对工作的热忱一发不可收拾,他琢磨着自己做工具,并且先后制作了Z、T型钩、打板等40多种维修工具,一共有2000多件,不仅满足了修复各种车型,还能够满足多种缺陷的汽车修复。不仅如此,在制作工具的同时,王洪军还总结出一套有效的钣金整修的方法,为企业做出了极大的贡献。

可以说,王洪军在其平凡的岗位上演绎着不平凡的事迹,而这不平凡的精神让他毋庸置疑地成为了企业最不可替代的员工。一长串的荣誉足以证明他的不可替代:2006年荣获全国五一劳动模范奖章,2007年荣获国家科学技术二等奖,2008年荣获第十九届"中国十大杰出青年"优秀称号。

王洪军的成功与他的勤奋努力,对工作毫不懈怠的态度是分不开的。正所谓一分耕耘,一分收获,无论是任何人,他所取得的成功都凝结着无数的汗水,每一次的成功都需要付出更多的艰辛和努力。没有任何人能够随随便便取得成功,走向成功的唯一途径就是努力。

只有真正踏实努力地付出,对工作毫不懈怠,你的收入自然能够增加。自古以来，勤奋努力都是中华民族的传统美德。任何一个普通人，只要依靠自己的努力，在工作中做到任劳任怨，勤恳卖力，就一定能够得到应有的回报。所谓“天道酬勤”，意思就是说努力不会白费，用百分之百的精力投入到工作中，并坚持不懈，绝不懈怠，就一定能够在未来的某一天实现自己的梦想。

宋丽珠从偏远山区来到北京打工，因为没有高学历，也没有什么特殊的技能，她选择了做餐馆服务员这个任何人都能做的工作。在很多人看来，餐馆服务生只需要端端盘子，擦擦桌子，不需要任何职业技巧，只要招呼好顾客就可以了。很多餐馆服务员做了很多年，但是从来没有认真地投入过，总是能偷懒就偷懒，在他们看来，这个工作实在没有什么值得投入的。

但是，宋丽珠却并没有这样想。她虽然只是个端盘子的服务生，但是她对这份工作没有任何的懈怠，在一开始就表现出了极大的耐心，并且把自己彻底投入到工作中去。很快，经过三个月的时间磨炼，宋丽珠不仅熟悉了经常光顾的客人，还了解了顾客的不同口味，只要顾客来餐馆吃饭，她总是热情地招待，千方百计地让客人满意而去。她认真的态度不仅赢得了客人的交口称赞，也为餐馆带来了不小的收益。比如说，她总是能够让客人在用餐时多点一两道菜，而这一点是其他的服务员做不到的。此外，在别的服务员招待一桌客人的时候，她已经能够独自招待好几桌的客人。

很快，宋丽珠的优秀表现得到了餐馆老板的认可，老板提升她为饭店的主管，然而宋丽珠却婉言拒绝了老板的提拔。原来，一个专门做餐饮业投资的客人看中了宋丽珠的才能和努力的态度，准备投资，并且希望和她合作，资金完全由对方出，只要宋丽珠专门负责饭店管理和员工培训。这位客人还郑重承诺，只要她做得好，还会得到新店20%的股份。

就这样，这个从偏远山区走出来的农村女孩在五年后成为了一家大型餐饮连锁企业的老板。

可见，在走向成功的道路上，任何的机会都不会轻易降临，它需要人们洒下辛勤的汗水，并且付出更多的劳动。成功的路上不能有任何的懈怠，上天只会厚报那些努力、勤奋和敬业的人，高薪厚职也只会属于他们。

在绝大多数人看来，需要成就一番事业，就应该站在比别人更高的起点和平台上，如果岗位很差，环境不佳，那就说明很难取得很大的成就。实际上，即使在平凡的岗位上也可以取得不凡的成就，一切微小的事物中都蕴含着巨大的潜力。在工作中的高低之分不能够成为让我们懈怠的原因，成功并不在于工作岗位的好坏，也不在于起点的高低，而是在于每个人是否能够对工作毫不懈怠，努力经营下去。

如果能够做到绝不懈怠，对每个工作的细节都怀着强烈的责任心，把工作当成是自己的事业一样用心经营，那么和那些对工作敷衍，得过且过的人相比，你迟早会脱颖而出。最终，你也会成为一个成功者，不管是在物质上，还是精神上。

作为企业中的一员，不论你的能力高低，也不论你的岗位大小，如果能够以“不懈怠”的态度投入工作，就能做好工作，并且赢得他人的尊重和认可。反之，如果只是对工作应付了事，即使再拿手的工作都会做得一团糟，成功也会变得遥不可及。如果你希望自己能够实现梦想，就一定要努力工作，毫不懈怠，时刻警醒、鞭策、激励自己，把自己的所有精力都投入进事业中，这样做任何的工作都能够做出成绩。

在工作中，我们可能只是一个平凡的工人，但是我们绝对不能因此而懈怠，应该在不断的努力奋斗中进步成长，最终才能成为职场中的“明星”，领导跟前的“红人”。那些工作拖沓，得过且过的人到头来只能浪费自己的宝贵人生，影响自己的前程。

“绝不懈怠，努力工作”不应该只成为一句口号，而应该成为每个企业员工的工作准则。把自己从事的工作岗位当成是展现自我，实现梦想的大舞台，并为之努力奋斗，这样成功就指日可待了。

5. 激情成就梦想，行动创造价值

每个人都有属于自己的梦想，在追求梦想的过程中，不可避免地会遇到许多的磨难和挫折，而这些都会阻碍着你实现自己的梦想。在这个时候，我们就需要寻找到一种激情，让激情成为推动我们不断努力向前的动力，用实际的行动来创造价值。须知，每个人的创造力和潜力都是无穷的，当潜力被激情挖掘并释放的时候，人才能实现自己的价值。只有拥有激情才能在漫长的人生道路上成就梦想，失去了激情，也就等于失去了光辉灿烂的未来。

激情的力量是巨大的，它能够让人们完成看起来不可能完成的事情，最终实现自己的梦想。对于企业员工来说，拥有激情代表了你对工作的热忱和热爱，也是企业领导考验一个优秀员工必须具备的素质。实现梦想的过程无比艰辛，想要在工作中有所成就，证明自己的人生价值，用自己的智慧和能力为企业创造利润，就一定需要拥有激情。失去了激情，就不可能全身心地投入到工作中去，最终只能是一事无成。相反，如果一个人充满激情地工作，那么他一定会把自己的全部精力都投入到工作中，即使面对再大的困难和挫折，都可以做到勇往直前，无所畏惧，最后创造自己的人生价值，实现自己的梦想。

朱益兵是上海新华保险分公司的一位明星员工。在新华保险公司工作的十几年来，他一直给人一种做事雷厉风行，对人亲切友善的印象。朱益兵连续成为七届高峰会的会员，众多的标签集于一身，成就了这个一直深信天道酬勤的人。多年来，朱益兵把“激情成就梦想”当成自己的工作准则，并且用自己的辛勤汗水创造出一个个业务的奇迹，成为了同事们心中不可替代的榜样。

2002年1月,朱益兵只身一人从老家泰州来到了上海新华保险分公司,成为了一名普通的团险业务员。在这个工作之前,他在泰州的一家大型药品公司做财务工作。能在大型企业担任财务工作是不少人的梦想,但是朱益兵并没有满足于安逸的工作,而是决定前往更大的城市追寻自己的梦想。

加入到保险业的行列中后,朱益兵一直把"业精于勤"作为自己的信条,在工作之初就给自己制定了每天打一百个电话,拜访5个客户的工作标准。然而,虽然朱益兵非常努力,但是仍然遇到了挫折。在参加团险工作的第一年里,他的业绩并不突出。同事中百万元保险费进账的比比皆是,而他只有不到一百万的保费,这给他造成了不小的压力。辛苦的付出却没有得到应有的回报,这让他一度陷入了迷茫。然而,迷茫过后,朱益兵更加坚定了自己的信念:只要坚持下去,勤奋努力,一定会取得成功!从此,他把自己的工作计划增加了许多,对待客户也比以前更加用心。

有一家朱益兵经常拜访的公司,每次他上门拜访,办公室总会欢声笑语。后来这家公司的一个员工回忆说:"朱益兵是个充满干劲和激情的小伙子,每次小朱来我们办公室,总会把办公室的几个大姐逗得很开心。他不仅对工作认真负责,嘴巴也很甜,对人亲切,每个人都很喜欢他,信赖他,也愿意在他那里买保险。"

实际上,要做最好的保险业务员,就不能只是和客户签单,还要得到客户的信任,和客户成为真正的朋友。最好的业务员不光是与客户签单,还要让客户认可,与客户成为真正的朋友。朱益兵就是用这样的方法把客户都变成了朋友,也让这些朋友为他创造出一个个事业的高峰。在十年的时间里,朱益兵累积保费达到了8亿多元,成为了新华分公司的业务部经理。从普通的业务员到经理,朱益兵一成不变地保持着自己的勤奋和激情。在他的带动下,一批批优秀的业务员成长起来,共同为企业创造出更大的价值。

可见，激情的作用是巨大的。激情就像扬起风帆的船，没有帆，船就无法前行。激情是工作的动力，没有动力，工作就很难有所突破。拥有激情的员工才能创造出不凡的业绩，工作缺乏激情，就会变得麻木涣散，最终一事无成。

要想在事业上取得成功，就一定要全身心地投入，而投入则需要发自内心的激情。对成功来说，激情和热情是必不可少的，也许你很有才能，但是只有在激情的推动下，你的才华和能力才会发挥得淋漓尽致。

也许有很多人都有着伟大的梦想，也有很大的工作激情，但是我们是不是能够一如既往地保持下去？当时间渐渐流逝，我们日复一日，年复一年地重复单调的工作，繁重的工作让我们没有空闲的时间休息，很多人渐渐失去了当初的激情，甚至连最起码的工作都应付不过来，而梦想也距离我们越来越远。

那么，怎样才能培养出自己的激情呢？高亢的激情来自于伟大的梦想，如果没有了梦想，就好像时钟没有了发条，汽车没有了马达，人也会变得消极涣散；高亢的激情来自对工作高度负责的态度，责任是一个优秀员工做事的根本条件，一个具备高度责任心的员工会把工作当成是一种追求，并且会怀着满腔热情投入到工作中去；失去责任心或者责任心不强的员工只会把工作当成一种负担，自然会失去对工作的兴趣。

实际上，任何工作的本质都是相同的，都要求我们为之付出辛勤的劳动，这样才会有所回报。随着社会的发展，工作压力与日俱增，如果因为这些原因而有所懈怠和放弃，那么我们就会慢慢被职场所淘汰。

如果说职场是一场马拉松比赛，那么我们没有激情的相伴，是很难到达最后的终点的。我们需要做的，是调整自己的心态，找到合适的方式为自己解压。在工作中，不能被工作压垮，也不能失去自己的激情。没有激情就无法实现自己的梦想。

有激情的人充满着生命力，激情也代表着希望。人的价值可以用自己的努力来实现，你创造的价值越大，你得到的回报也就越多。很多时候我们无法控制自己的工作环境，但是我们可以选择调整自己的情绪。如果工作时总是以消极懈怠的态度去对待，你换来的只能是把工作做得很糟糕，而如果我们抱着积极进取的态度，把每一天的工作都当成是一种挑战和乐趣,保持着我们对现有工作的尊敬和对未来的美好期待,那么相信掩埋在你内心的激情一定会随着对工作的全身心的投入而被点燃。无论从事任何工作,只要点燃内心的激情,就一定能随着它引领我们,并成就自己的梦想。

6. 拥有挑战一切的勇气,才可能实现最终的梦想

我们经常能够听到人们的各式各样的梦想。这些梦想听起来都很美好,然而在现实生活中,却很少能够看到那些坚韧不屈,为实现自己的梦想全力以赴的人。人们总是喜欢谈论梦想,甚至把梦想当作一句口头禅,作为一种对日复一日的单调工作的安慰。很多人都怀揣梦想,却没有真正认真地尝试着去实现它。

我们只有积极努力地去面对困难,勇敢地抓住机遇,创造机遇,才有可能获得成功,而要抓住机遇就离不开勇气。有了勇气才能够不怕失败,不怕困难,迎难而上。如果一遇到困难就畏缩不前,是永远不会取得成功的。对于任何人来说,机会都是均等的,但只有拥有挑战一切的勇气,善于抓住机会的人才能走向成功。

虽然有时成功需要一点运气,但是如果没有勇气去尝试,在机会来临时不能抓住机会,就永远不会有任何机会。对于企业员工来说同样如此,当工作上遭遇瓶颈,遇到困难时,只有拥有勇气的人才能不怕困难,而这样的员工往往有机会得到更好的回报。

机会从来都不喜欢懒惰的人,也不会喜欢投机的人,机会总是青睐那些勤奋努力的人,有勇气开拓进取,持之以恒的人。因此,只有具备这些要素,才能成为机遇的宠儿,获得企业的认可。

张成旭是一个普通的农民，初中只读了两年，家里就没有钱供他继续读书了。不得已的情况下，他辍学回家种田。在他18岁那年，父亲因病去世，对于这个家庭来说是个很大的不幸，家里的重担一下子落在了张成旭的身上。他不仅要照顾多病的母亲，还要照顾瘫痪在床的奶奶，对于一个普通人来说，在这样的困境面前可能早就一蹶不振了。但是张成旭没有向困难低头。

在那个年代，农村的田地由各家各户承包。张成旭把门前的一块水洼挖成了池塘，想要养鱼。但是后来村里的干部告诉他，水田里只能种庄稼，不能养鱼。无奈之下，他放弃了养鱼的念头。后来村里人知道这件事后都笑话他，觉得他是一个想发财却很笨的人。

张成旭并不在乎村里人的看法。他听说养鸡赚钱，就找堂叔借了300元养鸡。但是一场鸡瘟让他的鸡在几天内都死光了。300元可能对别人来说算不了什么，但是对于这个贫困的家庭来说无疑是雪上加霜。他的母亲因为接受不了这个打击，忧郁而死。

后来，张成旭为了生活，捕过鱼，酿过酒，在悬崖上打过炮眼，可以说什么活儿都做过，但是这些都没有赚到钱。到他30岁的时候，还没有娶上媳妇。因为他除了一间摇摇欲坠的土屋，就一无所有了。在农村娶不上媳妇的人是没有人能看得起的。但是他一点也不泄气，因为他心里还怀揣着更大的梦想。

张成旭跟人借钱买了一辆手扶拖拉机，不料不到一个月就出了事故，拖拉机带着他一起冲进了一条河里。之后的他成了瘸子，而那台拖拉机被捞起时已经坏得不成样子，只能当废铁变卖。村里人看到他这样，都觉得他这一辈子完了。但是任谁也没有想到，后来的张成旭成为了一家资产过亿的公司的老板。

一次记者采访他，问："你曾经经历过这么多的磨难，是什么支撑你一次次毫不退缩呢？"

张成旭坐在豪华的老板椅里，喝完了手里的一杯水，然后把玻璃杯子握紧，反问记者说："如果我松开手，这个杯子会怎么样？"

记者回答："摔在地上，摔碎了。"

张成旭笑着说："试试看。"接着放开手，杯子掉在地上，发出清脆的响声，但是令人惊讶的是，杯子完好无损。

张成旭接着说："人们都会觉得杯子一定会摔碎，就像当时对我的看法，但是这只杯子并不是普通的杯子，是钢化杯子，就像那个时候的我。"

从张成旭的经历和他的话语中，我们可以看到，一个人的勇气和信念是多么的重要。怀有这种勇气的人，在任何的磨难面前都是不怕的，没有任何困难能够阻止他前进的脚步。成功不属于这样的人，还会属于谁呢？

一个人走在成功的路上，挫折和磨难是避免不了的，胜利和失败也总是如影随形。拥有挑战一切的勇气的人善于从挫折和失败中汲取教训，积累经验，积蓄力量，他们很少被困难吓倒，能够从失败中获得重生。尤其当面对工作中的失败时，有勇气的员工能够通过失败的教训为自己的成长提供经验积累，为自己内心增添更多的激励和勇气。

如果我们留意身边的形形色色的人，就会不难发现，很多人都比你优秀，比你成功，而事实上并不是因为他们具有某种得天独厚的条件，其实他们的起点和我们是一样的，最大的区别在于同一件事情摆在我们面前，对待和处理事情的态度不一样，成功者只是比我们多了一些坚持和勇气，而仅仅是这一点，就决定了事情的成败，以及今后的发展之路。

的确如此，勇气是成功者必不可少的素质。然而有勇气并不代表不顾实际的情况，冒进蛮干，而是应该做到有"勇"有"谋"，如果连脑子都不思考一下就去做，那就等于逞匹夫之勇，最终的结果就是被撞得头破血流。

作为企业中的一员，要想在安稳的工作中取得更好的成绩，就一定要审时度势，在客观思考的前提下，拿出自己的勇气，努力争取超越自己，这样才有可能抓到成功女神的手。机会并不会等来，更多的时候需要自己去创造、挖掘，如果有了机会，就看你有没有足够的勇气去抓住。很多的时候，失败的人就是因为没有勇气而被那些有勇气的人淘汰出局。多迈出一步，超越自己，战胜恐惧，才有可能让机会成为现实，让梦想得到实现。

成功的大门一直为我们留着一条缝隙，只要勇敢地叩开它，勇敢地走进去，才能探寻其中的奥秘，那时展现在你面前的或许就是一片新天地。毕竟，勇气是走向成功的前提，敢于突破禁区的人才能获得意想不到的收获。

在这个瞬息万变的社会中，要想在职场立于不败之地，就得在激烈的竞争大潮中勇往直前，一定要拥有战胜一切的勇气，这样才能踏浪而上，扬帆远航，征服惊涛骇浪，驶向成功的彼岸。

第三章

找准方向：方向正确才会在辛勤耕耘后迎来丰硕的收获

想要在工作中获得成功，只依靠努力和勤奋是不够的，还需要有正确的方向，我们的努力才能起到事半功倍的效果，才会让我们在人生的奋斗之路上少走弯路，方向正确，踏实前行，才能够在努力后收获成功的硕果。

1.找对努力方向，成功就不再遥远

有这样一则小故事：

夜里，一个人在房间里四处寻找着什么东西，另一个人问他："你在找什么？"

这个人回答："我丢了一枚金币。"

"你把它丢在什么地方了？是在床底下还是在角落里？"另一个人问。

"都没有。我是在房屋外面的草地上丢的。"那个人回答。

"那你为什么不去外面的草地上找？"

"因为那里没有灯光。"

看了这则故事，也许你会觉得这个人的逻辑很可笑。其实我们的身边不乏会遇到类似的事：一些员工对待工作得过且过，敷衍了事，投机取巧，但是却希求得到老板的重用和赏识，如果得不到就埋怨老板不懂得"慧眼识英雄"，或者发出"命运不公"的感叹。实际上，这类员工犯了同在房间里找金币的人一样的错误——他们找错了地方。

实际上，影响一个人取得成功的因素有很多，比如性格、职业等，这其中有不可选择的因素，如性格，有的却是自己可以完全把握的，如职业，而选择的结果有两种，就是好和坏。其实，决定选择结果的最重要的一点就是找对努力的方向，这样成功才不再遥不可及。

很多时候，事情本身做得好坏与否并不十分重要，重要的是你是不是选对了方向。方向在人生中起到了至关重要的作用。尤其在工作上的正确选择能够起到事半功倍的效果，让你在通往成功的道路上少走许多的弯路。

也许，找到一份工作并不是一件困难的事，但是要找到真正适合自己，并且能够在其中得到发展的工作并不简单。很多刚刚参加工作的员工总是感到很迷茫，不知道自己应该找喜欢的工作还是去做容易做的工作，不知道应该找跟自己专业相近的工作还是跨行业……其实，不止是刚刚参加工作的年轻人，许多在职场上摸爬滚打多年的成年人在职场中也会因为缺乏对客观理想的思考和对未来的长远规划而迷失了自己努力的方向，变得无所适从，以至于多年来走了不少弯路，不仅在工作上没有做出任何优异的成绩，也浪费和消磨了自己的时间。造成这些问题的原因都是因为他们没有找准努力的方向。

李琴的专业是生物工程，这个专业在企业里比较冷门。于是，李琴在毕业后随便找了一份工作，在一家塑料厂做业务员。刚刚毕业的李琴有着一股年轻人的冲劲，总是觉得自己能够做出一番事业。在试用期期间，李琴的业绩总是在销售部门里名列前茅，在得意的同时，她也感到了强大的压力。虽然销售业绩排在最前面，但是李琴觉得每次和客户沟通时都有点放不开。因此，三个月的试用期一过，李琴就选择了离职。

随后，李琴又来到某个食品加工厂做了一名流水线的工人，每天 12 个小时的工作时间，上两个白班两个夜班休两天。就这样，李琴在这里工作了一年的时间。她觉得这样的工作继续做下去勉强可以坚持，但是这并不是她想要的生活，所以，一年之后，李琴又离开了这里。

现在的李琴在一家售楼处做销售人员，她的同事都觉得她在这里工作浪费了自己的文凭。但是李琴觉得无所谓，只要自己努力去做，并且坚持做下去，任何职业都可以有好的发展。但是就在她工作了一年后，她的内心又开始转变，她觉得售楼的工作不稳定，没有安全感，而公司每天都在招人，流动性很大，如果自己的业务能力迟迟不能提升，自己也早晚会被淘汰的。

李琴陷入了迷茫，她不知道应该怎样审视自己的工作，应该怎样选择，她渐渐对自己产生了怀疑，变得缺乏自信，也从一个原本优秀的女孩变成了一个业绩一般的普通人。

李琴的故事并不少见。在职场上，能够遇到很多像李琴这样失去了方向的人。在刚参加工作时，觉得不论是什么样的工作，只要凭借自己的努力就能够成功。实际上，正确的选择比努力工作更加重要。然而现实生活中的很多人在面临选择的时候总是显得非常草率。不少刚毕业的学生在寻找工作时没有一个好的职业规划，而是随意找了一份工作，几个月后觉得自己不合适，又开始换工作。就这样，一两年的时间先后换了几份工作，不仅耽误了自己的专业，也让自己失去了一个强大的核心竞争力。

在职场中，很多人之所以选错了工作，就是因为不懂得如何选择，就像李琴一样不了解自己应该适合做什么样的工作，只好换来换去，希望能够在不断的尝试中找到自己的兴趣所在，但是许多年过去了，仍然感到很迷惑。

在工作中想要成功发展，你首先要问自己你是不是得到了自己想要的生活。你的工作为你带来的生活方式是不是符合你的价值观。如果符合，那么你会觉得很快乐，即使收入低一些；如果不符合，你就会感到很痛苦，即使你的收入很高。因此，渴望在工作中取得成就的人，一定要确定自己的努力方向，明确自己的职业规划后再努力，否则绕了一大圈还是会转回起点。

规划自己的职业生涯最主要的还是考虑工作的实际操作性，同时结合自己的能力和外部的工作环境，并且正确客观地理解自己性格的特点。须知，一个人在每个领域都占据优势是不现实的，在工作中，你要善于发现自己最擅长，最拿手的是什么，清楚自己擅长的技术领域后，就应该时刻关注这个领域里的最新技术，多补充专业知识。如果你不希望自己是木桶中那最短的一块，不想成为企业淘汰的对象，就需要不断地给自己充电，努力提高自己的职业竞争力，这样才能让自己始终保持在同行业中的优势地位，在激烈的职场竞争中独当一面，成为不可替代的人。

在现实的社会里，通往成功的道路成千上万条，但是所有的道路都不是别人为你选择的，而是你自己选择的结果。你有什么样的选择，就会有什么样的人生，你选择了什么样的职业，就拥有什么样的职业生涯。你现在的状态是你几年的选择的结果，而你现在的状态又会决定几年之后的职业状况。因此，一定要结合自己的条件，并且正确发挥自己的优势，不断实践和修正，找对努力的方向，才有可能完成自己的梦想。

2. 目标排序：有步骤地去努力工作

亚里士多德说过一句话："清楚自己一生在追求什么样的目标非常重要，那就像弓箭手瞄准了靶心，这样我们才会更有机会得到自己想要的东西。"可见，方向是指引一个人行动的指南针，有方向的人才能为美好的未来而努力，失去了目标的人只能在原地打转。任何一个优秀的人绝不会在盲目中失去目标，他们总会在行动之前为自己设定努力的方向，确认目标，进行目标排序，然后按照目标有步骤地去努力工作。

目标排序是指在目标执行的过程中，对目标的每个具体步骤、每个环节、每个阶段的执行情况进行分析，按照目标的重要性进行排序，然后按照步骤逐渐达成目标。也就是说，通过每天进步一点，一步一个脚印地去完成，走向最后的目标。

一天做好一件事，说起来简单，做起来难。有很多人都非常焦躁，什么事都想做，结果是欲速则不达。而善于思考的人并不奢求一步到位，而是把大目标分成多个小目标，然后按照步骤，有目的，有技巧地去完成，这样的人往往会成为工作中的精英，成功也总是离他们最近。

他修过汽车、扫过大街、做过司机，还装过垃圾……但他是

劳模，迄今为止，国内环卫系统唯一入选省级高技能人才管理体系“能工巧匠”的人就是他，他的名字叫李进义，是沧州市运河区公厕管理站的站长。

李进义于1993年和2012年，两次勇救落水者，记者采访他为何这样做的时候，他说生命是上天赋予世人的，必须感恩。无论是在生活中还是在工作中，李进义常怀一颗感恩的心。

谁都知道，环卫工作又脏又累，但是李进义不只从事环卫工作，并且一干就是三十年，而且还干出了名堂。那是2009年的5月，李进义看见一位掏粪工人提着一桶粪便汗涔涔地从公厕走出来，粪便漫过裤腿，风里传出一股恶臭，粪桶里更是散发出让人窒息的恶臭。李进义眼里看着这位工友，心里想到：环卫工人每天都在这种环境下工作，要比其他工种承受更多的压力，如果我能改变这种环境和形象，那该多好！有了目标之后就是具体的行动了。虽然想要改变掏粪工人的形象和环境，但是当时李进义的手头上没有一点资料可以参考。但是既然想到就要付诸行动，于是在工作之余，李进义在闷热的车间思考、画图纸，就这样每天多做一点点工作，按照步骤分阶段地进行工作，两个月之后李进义画了1000多张图纸，终于一辆小型粪便机械作业车设计成功了。在作业的时候，掏粪工人只需按动一个简单的操作阀门，就可以轻轻松松地完成从清掏到倾倒粪便的全部过程。这种小型粪便机械作业车的问世，不但提高了粪便工人的工作效率，还彻底颠覆了掏粪工人的个人形象，并且将掏粪工人从繁重的体力劳动中彻底地解放出来。小型粪便机械作业车成为目前国内最先进的人工粪便清掏车辆，目前李进义已经成功为沧州市的环卫部门改造了15辆环卫车，为国家节约了改装资金50余万元。

自2004年担任运河区公厕管理站站长至今，胸怀“感恩的心”去工作的李进义，坚持每天下班多做一些工作和研究，已取得了七项个人发明专利。并且获得了“劳动模范”“沧州金牌工人”“优秀党务工作者”“沧州能人”“先进工作者”“河北省百名能工巧匠”等众多荣誉。李进义用一颗敬业的心对待工作，用自己

智慧的头脑完成了目标，改变了别人对环卫工人印象的同时，也为环卫职工树立了劳动典范。

如果说李进义的职业是社会最底层的工作，应该没人反对。虽然这种工作环境难免令李进义尴尬，但是他却用实实在在的工作表现为所有环卫工人树立了一个劳动典范，这是现代社会所赞扬的一种精神。对于一名普通的职员来说，把目标分步骤地去完成能够让工作事半功倍，让你创造更好的工作业绩。无论是你的老板、同事，甚至是你的客户都会更加关注你和信赖你，从而使你得到更多的机遇，获得更高的成就！

一个目标的制定可以很宏伟，但是即使是跑 100 米，也不可能像撑竿跳一样，一下就跳过去，在 100 米的终点处的红绳，那才是目标。在具体实现目标的过程中，需要把 100 米分成几个阶段，每一段怎么跑，跑多少米、多长时间，这些都应该进行周密的思考，这样才能保证胜利万无一失。成功的人在自己前进的每一个脚步上都会进行筹划，让自己不断进步。

要想提高工作效率，保证工作取得成功，就需要杜绝目标过高过大造成实施过程不清晰的局面产生，只要对自己的目标和各个阶段的定位仔细考量，才能清楚自己想要什么，也才能清楚自己努力后能得到的结果是什么。

身为企业员工，在确立了自己的目标任务后，自觉地分解手头的工作任务，让具体的执行变得清楚具体，这样有助于自己对工作任务的理解并高效完成。有阶段地完成工作，这样既有完成工作的成就感，也能提高自己的工作能力。

我们经常能看到很多员工在工作中当一天和尚撞一天钟，工作得过且过，稀里糊涂地混日子，对于自己要完成的工作任务没有任何时间的规划，对会出现的问题没有任何应对的措施，总是走一步看一步，这样的结果就是，往往出现了一个小问题就有可能导致整个工作的失败。

3. 认清自己是找对努力方向的前提

在我们的日常生活中，每个人都是主角，演绎着自己精彩而又美好的戏，但是不能忘记了，我们的角色不都是主角，很多时候还是做配角。一个好的配角知道自己什么时候出场，什么时候退场，这才是最聪明的做法。

在社会中，需要认清自己的角色，这样才能更好地找对努力的方向。比如在父母面前你是孩子，在领导面前你是员工……每个角色都有着自己的位置，如果超越了这个位置，你的生活和工作就会变得混乱不堪，也将无法实现自己的价值。

在企业团队中，每个企业员工也都有自己的位置，应该做到身在其中做自己应该做的工作，不能有越权的行为，这是职场中最忌讳的事情。即使你身处的位置令人羡慕，也不能因此而得意忘形，这样难免会受到领导和同事的反感。工作中一定要认清自己，找准自己的位置，明确什么应该做，什么不应该做，这也是一种智慧的表现。在团队中，每个人都应该根据实际情况而努力，不能让他人占了自己的位置，也不能越位，这样才能保证团队之间的良好合作，推动事业共同发展。如果一个球队里，一个后卫跑到前锋的位置，中锋又跑到后卫的位置，那么这个球队无疑会吃败仗。在工作中也是如此，认清自己，找对努力的方向，工作才可能顺利进行。

在职场中的人际关系不能轻视，想要实现自己的梦想，达到平衡的发展目标，就不能一步登天，要踏踏实实地做好自己的本职工作，不能僭越职责和权力之外的工作，这样领导才会觉得你尊重他。否则，你的野心过大，会遭到同事的排挤，也可能让领导对你产生防备心，这就会阻碍到你个人的发展，让你的工作无法顺利开展，进而影响到你的前途。

在工作中要把握好适度原则，与领导和同事和谐相处，坚守自己的岗位，不做过多的事情。当我们的角色要求我们当配角的时候，就踏踏实实地做好配角，如果做不适于自己的表演，到头来可能会得不偿失，甚至丢掉自己的配角资格。因此，想要在职场上获得最后的成功，就一定要在做每件事之前认真仔细地想想清楚，看清形势。

一个螺母不能和螺钉的型号匹配好，那么对于这个螺钉来说，螺母就只是一块毫无用处的废铁。在职场中也是如此，判断一个员工在职场上是否有价值，很多时候要看他在这个职位上做了多少有价值的工作。只有做到在职位上相得益彰，互相匹配，才是有价值的员工。

秦海涛是一家生产企业的维修工人。一天，在下班时，一个年轻的工友找到秦海涛，对他说："车间一台机器的螺母掉了。"秦海涛一边答应着，一边拿着维修工具走到了那个工友所在的车间。刚走到那，下班的铃声就响了起来。这台机器没有什么大毛病，只需要安装一个螺母，秦海涛不想把手弄脏，于是决定第二天上班时再来安装螺母。

第二天上班的时候，他再次来到了这个车间，却看到领导和那个工友正站在机器旁边。领导看到他，态度严厉地说："你必须在三分钟内把螺母安装好，让机器正常运转。"秦海涛心想：只不过是要换个螺母罢了，哪里用得了三分钟，我一分钟就可以做好。结果，让他出乎意料的是，他在工具箱里的一大盒螺母中找来找去，就是找不到一个可以和机器匹配的螺母。他又急又尴尬，不知道怎么回答领导。领导非常生气，严肃地对他说："对这个机器来说，只有合适的螺母才能让机器运转，否则就是废铁！工厂就像这台机器，而工人就是机器上的螺母，虽然只是一个小小的螺母，却是不能缺少的！"

这个领导用了一个形象的比喻，却说明了这样一个道理：员工只有认清自己的位置，在自己的岗位上充分发挥作用，才能真正体现自己的价值，成为适合机器的"螺母"，反之，如果员工不能认清自己，占着岗位却不能为企业带来相应的价值，那么他就只能是没有用处的"废铁"而已。

当你身在职场中时，应该在适当的时候问一问自己："我做的一切对于自己所在的岗位究竟有没有意义？我是否为企业、为领导创造出了价值？我的工作是否取得了成果？"如果你不能给自己一个肯定的答案，那么很可能你就是跟自己的岗位不相配的"螺母"，对你自己来说，你的职场人生也就产生了"错位"。

为了避免让自己成为"废铁"，不让自己的努力用错了地方，就一定要认清自己，找到适合自己的位置，让自己的才能得到充分的发挥，让自己成为有价值的员工。作为企业中的员工，准确找对自己的位置至关重要。只有明确自己的角色，清楚自己的工作任务，才能找对自己的努力方向，才能为自己未来的发展，为企业的发展奠定坚实的基础。努力把本职工作做好的同时，才能为企业的发展添砖加瓦。在考虑自身发展的时候认清自己的位置，不能脱离同企业和社会的关系而独立存在。在考虑问题和处理工作时一定要照顾到整体的利益，顾全大局，遵循少数服从多数的原则。因为即使个体的意识是正确的，但是整个群体的意识却不一定正确，因此作为基层员工，应该端正自己的态度，认清自己的位置，明确职责，在服从企业和领导安排的前提下，努力工作，这样才能在辛勤的耕耘后收获丰厚的硕果。

4. 准确领会上级指示，才能找对工作方向

身为企业的员工，需要经常接受工作任务，按时汇报工作进展，这就需要做到同上级有效沟通。准确领会上级的指示，才能找对工作的方向，更好地完成工作。然而不同的上级有着各自不同的性格特点，有的说话简单明了，有的喜欢长篇大论，有的说话婉转，有的说话直接。有时候，上

级做出了指示就认为你明白了，而实际上，你听到的信息同上级脑中想的总是有一定的差距，这就需要依靠自己的领悟了。如果能够正确领会上级的指示，才能做好工作；如果总是一知半解，模棱两可，考虑不周全，就有可能把工作搞砸，继而失去了上级对你的信任。

在现代的职场中，如果不善于领会领导的意图，不能明确领导的指示，就很难把工作做好。也就是说，领会了领导的指示才能把握好正确的工作方向，做到有的放矢。一个优秀的员工应该做到充分理解上级的想法，根据工作中领导做出的细节来判断、揣摩他们的想法，进而做出下一步的具体行动。

对于领导下达的命令和指示，一定要做到仔细聆听，并且最好记录下来，充分消化，对不清楚的地方一定不能主观地猜测想象，也不能随便改变领导的指示，想当然地去做。领导之所以成为领导，必然有其过人之处，他们大多有着丰富的行业经验和成熟的决策，而作为下属员工应该做的就是尽可能地理解并配合领导，这样才能把工作贯彻执行，完美地达成工作任务。

无论你从事何种职业，位于何种地位，都应该深切地意识到领悟领导指示的重要性，这一点对于员工个人的职业发展有着重要的作用。而这种领悟的能力并不是天生的，而是需要不断地揣摩、思考，勤于动脑。

出色的员工和平庸的员工之间的区别就在于是否具有这种善于揣摩领导意图和灵活应对的能力。一般情况下，在一开始接到工作任务时，如果能够深入理解工作的内容，清楚领导的指示，并且能够从领导的话语中听出更深层次的信息，举一反三，就能够更快地完成工作。

谭华是一名优秀的日用品销售员。一天，老板给了他一万元作为活动的经费，让他组织一次大型的日用产品促销活动，老板还明确地提出，为了进一步打开市场，谭华可以将一部分产品大幅降价，只要销量好，甚至可以不计较利润。

谭华在拿到了活动经费后，还是转动脑筋，思考老板的话：公司在去年开始就一直实行严格的成本考核制度。而这次的活动显然要把这一万元的活动经费从未来的市场上赚回来。那么如果这次他严格按照老板的指示，只求产品打开销量而不计较利润，那么最后倒霉的一定是自己。

于是，谭华思考后决定，只将一部分的产品大幅度降价，而其他的大部分产品则按照原来的价格销售。同时，谭华还和经销商进行协商，在活动期间卖出的产品一律不再实行返利，这样不仅降低了损失，也让活动达到了双赢的目的。而谭华的做法最后得到了老板的高度赞扬。

可见，一个好员工善于理解老板话中的意图，能够听出老板的弦外之音，只要老板一个暗示，就能够更深地理解老板话中的含义。

领会上级的意图，读懂领导的心思对于员工来说是很重要的事。领导都喜欢机灵、有悟性、一点就通的员工，并且有重要的工作也会先交给他们去做，这样无形中就更容易获得机会。如果不能觉察到领导的心思，那么就很容易失去领导的信任。

一个优秀的员工善于察言观色，读懂领导的“潜台词”，而要正确领悟和理解领导的意图，就需要多注意领导处理事情的方式，并且多揣摩，这样就能够慢慢读懂领导的意图了。不仅要从字面上去理解，还应该更深一层地去探究。比如说，领导说天气太热了，可能不仅想告诉你今天的天气，还想让你打开空调。因此，只有在平时多注意观察，在关键的时候才能准确地理解领导的暗示，做到和领导的默契合作，把工作做得又快又好。

须知，一切工作都是在接受上级的命令和指示的时候开始的。领导先要委派工作，最先想到的就是那些能够不用交代太多就能心领神会地解决问题的员工。

真正做到准确领会领导的意图，并不是短时间内就能够做到的，只有平时多接触领导，多留意领导最关心的点，反复揣摩，这样才能更好地把握领导的意图，找准工作的方向。

作为一个工作的执行者，首先要做到完全理解工作任务的内容，这样才能保证接下来能够正确地去执行。实际上，很多时候，作为领导和上司，他们不可能把每件事都向下属解释得一清二楚。在这种情况下，就需要我们多想、多问、仔细领悟，只有正确地理解和领会领导的指示，执行工作才不容易出差错。具体来说，要做到准确领会上级指示，要求我们做到

以下几点:

首先,要准确掌握领导的关注点。就是要紧跟住领导的“视线”,弄清一段时间内领导最关注的是什么,只有这样才能及时跟上领导的思路,跟上领导的步伐,才能把工作做到点子上。有的时候,在不同的情况、不同的场合下,领导对某个问题所强调的侧重点不一样,在这种情况下,注意千万不要将领导的意思理解偏了。

其次,要准确掌握领导的着力点。就是要准确理解领导对事物主次矛盾的分析,弄清楚哪些是必须牢牢抓住的关键点,哪些是必须克服的薄弱环节,哪些是应该预见的问题,哪些是应该预防的重要情况等,这样才能把工夫下在最关键的地方。

最后,要准确掌握领导的警觉点。就是要弄清楚一段时间内,领导有可能最担心、最在意的事,要通过实实在在的思考和工作,把有可能遇到的各种情况理清楚,做到万无一失,并且针对各种情况设想出相应的解决方案,让领导放心。

5.一时摸不清方向,不妨找同事帮忙

对于刚刚参加工作的新人来说,工作的经验非常缺乏。此时,新员工对于诸多的工作任务都很陌生,这就有赖于同事的帮助和指导。比如说,有关工作业务上的操作流程,填写制作票据等,都需要认真地学习。在刚进入企业的时候,需要通过自身的努力去适应工作,自我成长,一旦摸不清工作方向,不妨找身边的同事来帮忙。正所谓“近水楼台先得月”,新加入工作的员工千万不能放过向身边经验丰富的同事请教工作技巧和待人接物技能的机会。如果能够做到尊敬同事,不耻下问,以积极、进取的态

度请教同事，同事一定也乐意给予你无私的帮助。

在人的一生中，除了自己的家人，和同事的相处时间是最多的。因此，能够做到和同事之间的有效沟通，改善彼此之间的交往环境，增进交际的和谐融洽，成为了每一个职场人必须学习的东西。尤其在现今竞争激烈的社会里，一个人单枪匹马、单打独斗是很难取得大的作为的，这就要求我们搞好人际关系。因此，要学会和同事之间团结合作，学会和同事友好相处。须知，良好的沟通是合作的开始。一个优秀的企业团队首先一定是一个协调一致，团结合作的团队。团队成员之间的合作也一定充满默契。有效的沟通能够带来信任、理解，同时也是一个相互鼓励、明确目标、增强团队凝聚力的过程。

如果你和同事们的关系很好，在同事中有着很好的人缘和口碑，那么你得到上级领导的赏识和重用的机会也就更多。但是如果你不合群，总是把自己孤立在同事圈之外，让别人觉得你很难相处，在这样的情况下，一旦你和同事之间有合作，也会因为沟通不良而使得工作效果大打折扣。上级领导很可能从稳定团结的大局出发，不得不以牺牲你的方式来换取别人的支持和工作的顺利。

为了保证工作的顺利完成，和同事之间的沟通交流必不可少，尤其是得到同事的善意帮助时，可能会起到事半功倍的效果。要想建立和同事的良好关系，不妨多花一些时间来帮助同事工作，虽然这样可能会占用你一些时间，但是相信"赠人玫瑰手有余香"，你所得到的一定会大于你付出的。因为在你的无私帮助中，不仅会为自己带来良好的人缘，还能在解决问题的过程中帮助自己积累经验，有利于你整个职业的发展。

如果你能够做到全心全意地帮助同事，你的行为一定会为你赢来好口碑，得到大家的信任，领导也会对你产生好感。要知道，一个优秀的企业最看重的就是团队之间的精诚合作，因此同事之间、工友之间的沟通非常重要。同事之间想要达到良好的沟通，就必须做到开诚布公，彼此尊重，如果同事之间相互隐瞒、虚与委蛇，就无法换得彼此的真诚相待。

刘露和宋健是一对很好的朋友，在一所学校里上学，之后又被分到了一家企业的科室做办公室工作。刘露的思维严谨、稳重成熟，而宋健的思想前卫，头脑灵活，两个人的工作互补性比较强，两个人的搭配很合拍。但是有一段时间，两个人突然不再融洽，上班时也不再一起研究问题，而是各自在自己的办公桌前工作，彼此好像谁都不认识谁一样。这种状况持续了一段时间后，经理发现了两个人的这种现象，于是把他们俩同时叫到了办公室，问他们之间发生了什么。两个人都表示没有什么。但是后来，细心的经理发现，原来刘露和宋健同时喜欢上了隔壁科室的设计员李倩。找到了问题的根源，经理就分别找刘露和宋健谈话，挑明了他们之间的矛盾，并晓以大义。经过经理的一番劝说和开导，两人进行了一次开诚布公的谈话，两人都觉得因为感情而影响到工作，最后造成彼此工作效率降低，影响了在公司的前途，实在是一件不值得的事情。

经过这次沟通，两人不仅消除了隔阂，甚至比以前更加亲密，工作也是精神十足，这对情场上的敌人在工作中依然是亲密的伙伴，两人合作相得益彰，很快都得到了经理的重用。

可见，同事间的合作是至关重要的，甚至会影响到你未来的仕途。千万不能轻视你的同事，那些比你先来公司的，相比而言比你积累了更多的工作经验，有机会我们不妨多听听他们的意见和见解，从他们的经验中找到可以学习和借鉴的地方，这样不仅可以帮助我们在工作上少走弯路，也能让这些同事感受到我们对他们的尊重。尤其是对于那些资历久，年龄大的同事来说，你的虚心求教会让他们很感动，进而全心全意地帮助你进行工作。对于那些能力很强，年纪较轻的同事也要保持谦虚的态度，这样他们会更加乐意指出你的缺点和不足，帮助你成长进步。

我们也常常会看到这样的反面例子：有些人的工作能力很强，但在单位里自视甚高，经常不买那些老同事的账，不给同事面子，让老同事很反感，而这些老同事毕竟经验丰富，根基深厚，领导在某些方面还会考虑他们的意见，这样在关键的时候你就会因此而受挫，这一点不能不引起我们的重视和警示；对于异性同事的关心也需要注意，人们对于任何形式的性骚扰都会反感，但是如果能够利用自己性别的优势去帮助异性同事，就会得到他们的好感。不能否定的是，男性和女性之间各有长处，比如男同事体力较好，逻辑思维能力较强，能够承受更加劳累的工作，也能理性地思考和解决问题，而女同事则比较有耐心，做工作细心，有条理，也善于给别人安慰。因此，即使是同事，也应该以不同的方式和角度去获得对方的认可。多为同事做一些事，分担一些工作，对方就会为你的关心而打心眼里感动，并把你看作是值得信赖的好同事，在你工作中遇到问题时自然会对你施加援手。

有些人总是和身边的同事相处不好，总是对眼前的利益斤斤计较，征求种种工作上的“好处”，这样时间一长难免会引起同事的不满，也无法得到大家的尊重。这样的人总是为了蝇头小利而有意无意地伤害了同事，最后自己变得孤立无援。而事实上，这些眼前的利益并不能够给你带来多大的好处，反而会引起公愤，让你失去良好的人脉关系，可以说是得不偿失。俗话说得好，“贪小便宜吃大亏”，说的就是这样的道理。

身为企业员工，难免在艰苦单调的工作中遭遇挫折和困难，此时一定不要灰心丧气，应该保持乐观积极的心态，主动寻求同事的帮助。你的乐观和积极的心态会感染你的同事，让你的人际关系和谐，工作氛围也在无形中变得轻松，同时在同事的帮助下解决工作中的难题，何乐而不为呢？

6．认准大方向，坚持不懈走下去

我们常说：“人生重要的不是所站的位置，而是所朝的方向。”诚然，方向是我们奋斗的指明灯，在工作中如果你不知道为什么奋斗？怎样奋斗？方向早已给了你答案。人生的道路崎岖而坎坷，路虽然不止一条，但是只有找到属于你的那个方向，才能找到希望；只有找到属于你的那个方向，才能让你走对路；也只有找到属于你的那个方向，你才能明确你的目的地，勇往直前，拥有收获！

在黑龙江前进农场流行这样的一段顺口溜："祖国处处是春天，前进人民喜事添，春风化雨唱赞歌，赞歌声声献英模，无私让地，爱心帮扶，心系百姓谱新篇，谱新篇，她就是'傻大姐'赵秀琴，说她傻，她道傻，谁家有事儿她落不下，拿着人家当自家，出钱出力没二话，张家的儿子上大学，3千元学费她给拿，李老太太要住院，给她5千把病查，刘家种地手头紧，她垫上种子和化肥都不差，王家种地赔得掉眼泪……"

"傻大姐"就是凭着她的"傻劲"在2009年被评为省三八红旗手；2010年被评为"感动建三江十大人物"；2011年赵秀琴又被评为总局第十二届劳动模范，并荣幸地作为劳模代表发言，2012年被评为省劳动模范，她就是黑龙江省前进农场第七管理区的普通女职工赵秀琴。

赵秀琴曾是建三江管理局前进农场第七管理区水稻种植大户。赵秀琴是管理区第一个兴办开发性家庭农场的，也是前进农场最早种植水稻的专业户。1998年的涝灾和2002年的霜灾，很多水稻户都因为种地赔钱不种了。领导找到了赵秀琴，动员她把这些没人要的水田种起来，赵秀琴也觉得地撂荒了太可惜，就冒着风险答应了领导的请求。由于她的辛勤劳作，赵秀琴最终变成水稻种植大户。但是从2005年至今，赵秀琴家的水稻种植规模已经从1500多亩仅剩下了150亩水稻地。

有人给赵秀琴算了一笔账：这几年赵秀琴无偿让出去的1350亩水稻地，按现在每亩效益400元计算，仅今年一年赵秀琴家就少收入54万元，这些年赵秀琴家累计少收入230多万元。有些人认为赵秀琴是在出风头，可是赵秀琴认为：自己是北大荒人，是北大荒的资源和党的富民政策让我奔上了"小康路"，咱北大荒人最听党的话，最讲奉献，党让咱先富带后富，现在赵秀琴富了就应该回报党、回报社会。多年来，赵秀琴帮助过许多贫困户和姐妹们，没图她们报答，一不图名，二不图利，只觉得扶贫济困、解人之忧，排人之难，奉献社会是自己应该做的。

虽然人人都说赵秀琴是"傻大姐"，但是这些年通过帮助别人，赵秀琴也收获了和谐和幸福。每年一到农忙季节，赵秀琴家的农活乡亲们都抢着帮干。谁家有个大事小事的，都愿意找赵秀琴商量。可以说，赵秀琴找对了人生的道路，我们在工作中应该向她学习。只有这样，当路岔道的时候，你才不会因不知如何选择而犹豫不前。当然，唯有找到正确的方向，才会让我们事半功倍；否则一旦找到一个错误的方向，我们就会误入歧途，更有甚者会浪费一生。

要想找到一个正确的方向，我们首先要做的就是明确我们的目的地的准确位置，从而找方向，一步一个脚印地前进，这样才会以最快的速度到达终点，获得成功。一言以概之，明白自己要去哪里、要干什么，才能令自己找准前进的方向。在某种程度上分析，只要找到奋斗的方向，就意味着你已经成功了一半。因此，无论何时，我们都要清楚自己的目的地是哪里。试着在你的脑海里装上一枚指南针，时刻指引我们朝着目标前进。

可是在我们工作的时候，找到方向和目标还不能成功，这是为什么呢？《齐谐》里有一则关于大鹏鸟的故事，庄子说："鹏之徙于南溟也，水击三千里，抟扶摇而上者九万里，去以六月息也。"什么意思呢？大鹏鸟想要飞到南海去，拍打水面便击起三千里高的水浪，乘着旋风直上九万里的高空，靠的是六月的风。大鹏鸟的方向是南海，可是为什么它却要飞到九万里的高空呢？这是源于，只有飞到高空才会没有任何阻碍，顺利到达南海。

大鹏鸟如此，人亦如此。从古至今，成功的人皆是源于明确的奋斗方向和坚持不懈的努力。但是有的人虽然有宏伟的人生方向，可是却没有成功，这是为什么呢？究其原因，前进的道路上坎坷万千，许多人之所以没有成功在于他们虽然确立了人生的方向，却根本没有行动，自然不能够获得成功。因此一旦确定我们的奋斗方向，就要坚持地走下去，直到成功的到来！如果你没有坚持不懈地走下去，那么等于得不偿失。

民间有句话说："路是自己选择的，跪着都要走完。"而身在职场的我们，一旦找对了方向，就要加速前行，自然机会离目标越来越近。一个人想要在自己工作的战场成就一番伟业，就应该有一个明确的奋斗目标。

在西方有这样一句谚语："如果你不知道你要到哪儿去，那你应该哪儿也去不了。"要获得一定的成就，就一定要认准方向，从内心出发发现并且搞清楚你的工作目标是什么。那么怎么找到自己的工作方向呢？你可以通过以下几步明晰工作方向：

第一，制订你的工作计划。想要工作有收获，必须明确制订你的工作计划，按计划去工作才能实现你的抱负。这个计划可以分为几个阶段——月计划、季度计划、年计划等阶段的计划，一步一个脚印地去工作。在这里需要注意的是，切忌一步到位，"罗马并非一天建成"，诸多成大事者皆是用无数个小目标的实现来践行大目标的。

第二，积极进取。在工作的时候，一定要保持热忱的积极心。众所周知，目标的实现是以明确的方向、坚强的毅力和积极的心态去支撑的。永远保持进取之心，把它演变成一种习惯，并且付诸行动，这样才会离成功越来越近。

第三，大于等于你的工作量。规划你的工作方向，需要你尽可能地超额完成工作量。适当地超额完成工作，会让你对你的工作有新的认识，孔子说"温故而知新"，在明晰工作方向的层面上分析，有新知才能有新的方向。

第四，自我增值。乍听起来，"自我增值"与明晰工作方向并没有多大的关系，但是换个角度去思考，你会发现在自我增值的过程中对工作有更高的见解，以便增加自己的工作经验。想要增值，你可以试着从以下几个角度去提高洞察力和观察力，并且加强预见能力。

我们的人生需要目标，有了目标就有了努力的方向。当你确定了你的工作方向，接下来需要做的就是朝着你的方向努力，成功便可指日可待。找到前进的方向，并沿着这个方向锲而不舍地努力，那么终有一天，你会在辛勤耕耘后迎来丰硕的收获。

在工作的时候，只有确定自己的工作目标才能成功。但是想要认准工作方向看起来很简单，但是想要将它付诸实施，也不是一件容易的事，这需要我们对其有一个很好地理解和领会。我们必须知道什么是我们自己工作的方向，什么是企业的方向，这样将两者的目标相结合，才能在工作中实践自我，获得成功。

7.

准确定位，同企业共同成长

作为一名蓝领，选择一家什么样的企业一定要谨慎。要知道当你选择一家企业实现自己的人生价值的时候，就意味你已经踏上了一艘船，自此这艘船的命运和你的命运是紧紧联系在一起的。你是公司的舵手，你的使命是让企业这艘船能够乘风破浪，驶向美好的明天。但是如果这艘船遭受了触礁、海啸等风险，当它面临风险的那一刻，你也是危险的。

对于每一个企业的工人来说，与企业共荣辱、同命运永远都是员工的神圣职责。一旦你对你自己的工作不负责任，那么企业这艘船也许很有可能因为你的失职而永远沉没大海。因此，无论何时，遭遇何种境地，你都应该和企业同舟共济，找准你的定位，担负起你应有的责任，与企业共命运。

全国劳模李振斌是江苏华信塑业发展有限公司董事长，10多年来，企业在他的带领下实现了从无到有的跨越式发展，成为国家金卡工程的配套项目——PVC 特种片材项目、第二代居民身份证专用材料供应商，为全国“二代证”的顺利换发、为国家“金卡工程”事业做出了突出贡献。2011 年 5 月，华信公司荣获“全国五一劳动奖状”，成为全国卡基行业第一家获此殊荣的企业。

无资金、无技术、无人才 ，是李振斌创业之初面临的处境，但这位企业带头人却充满了战胜一切困难的勇气和决心。他亲自选拔、带领 22 名员工前往意大利、德国学习。在国外期间，李振斌时刻提醒大家：学艺要勤、精、全、透，不仅学到了计划内的专业技术知识，还学会了整条生产线设备的结构和安装原理，为自行安装设备打下基础。

回国后,李振斌带领员工进行进口设备安装,为企业节约了200多万元的资金。在设备运转过程中,爱钻研的李振斌又带领员工先后多次对设备进行大胆技术改造。改造后的无排放循环用水系统不仅环保,而且每年为公司节约资金160多万元。

回想创业初期的艰辛,李振斌不胜唏嘘,正是同公司和员工在一起才铸就了今天的成就。目前,"华信"的管理队伍、技术骨干大部分是企业自行培养的,不仅拥有30多名国内压延行业的专家,员工也大多具备"一职多责、一专多能"的综合素质。每当提到企业的员工,李振斌总是不无自豪地说:"华信最大的财富就是拥有一个优秀的、经得起考验的团队。"

正是有了这么一批优秀的管理队伍、技术骨干和员工,"华信"自主研发的PETG新材料被公安部指定为全国第二代居民身份证、人民警察证的基材,并荣获"国家重点新产品"证书,获得了国家科技部"技术创新基金"的支持。如今,"华信"的产品已出口至32个国家和地区,公司也先后被评为"国家火炬计划重点高新技术企业""国家AAAA级标准化良好行为企业"。

"天外有天,人外有人",在这个世界上并不缺少卓尔不群的人,他们知识储备过硬、工作能力超群……总之智商、情商、财商样样兼备,但是很少有人能与企业共命运。换位思考,如果你是一位企业的老板,你是更愿意找一个能力超群却不能与公司共命运的人,还是找一个能力稍逊却时刻为公司发光发亮的员工呢?相信很多人会选择后者,无数的企业都在努力寻找这样的人。

然而,当角色回归,很多职员均希望公司将提拔、培训自己,却似乎从未将公司的发展当成己任。公司发展正处在稳步向上的时候,那些员工很骄傲,恨不得将自己的一生都与公司捆绑在一起。一旦公司出现小小的危机,发展受阻,这些人马上掉转船头背离曾经的努力和实验。他们总是在追求自己的利益,却没有一丝一毫地替摇摇欲坠的公司想办法渡过此刻的难关。一言以蔽之,这样的人找的只是一份糊口的工作,并非成就。

我们的社会是由每一个个体的“人”构成的，而每一个企业都是由每一个个体的员工所构成的。在社会当中的每个人都希望自己过得快乐，而在企业工作的每一个员工也都有自己的工作目标，比如需要更多的收入来提升自己的生活质量、更高的职业追求以期待实现更大的人生价值……而我们选择在一起正是源于企业是践行我们目标的场所，企业是大家的，只有企业有利润了，我们自己才会有收入和发展，因此把企业搞好，跟企业站在一起应该是我们实现人生价值的唯一途径。

一个体质不健全、发展缓慢甚至是停滞的企业不仅不能给你带来你想要的薪水和抱负，还可能给你带来痛苦的阴影，很可能你会因为一家发展不畅的企业而影响了自己一辈子的职业发展。而一家好的企业恰恰相反，优秀的企业不但能让你提升自己的技艺、给予你丰厚的薪水，还给了你展示自我的舞台，间接缔造了你的成功，你为何不能将最好的自己回报给企业？

既然我们本身的命运是跟企业的命运联系在一起的，那么换言之我们和企业就是“一荣俱荣一毁俱毁”的关系。因此我们的命运和企业的命运都在我们自己的手中，也许我们一人的力量杯水车薪、螳臂当车，是渺小的，但是当我们将彼此的力量凝结在一起的时候，将会给企业的发展带来一个质的飞跃。这是一个良性循环，我们力量的迸发推进了企业的发展，而企业的发展对我们每个人都有利，因此我们与公司共荣辱是我们最佳的选择。

其实我们每一个的个人目标和企业的目标之间存在着一定的关系，包括：

企业个人的发展是以企业实现目标为前提；

企业的效益是由每一个员工集体努力带来的，多创效益企业发展越好；

企业是由每个员工组成，没有员工就没有企业，没有企业就没有员工的良性发展；

企业的发展为每一个员工实现他们的个人目标提供了机会；

……

我们知道只有准确定位，同企业共同成长才能让我们在拼搏之后有所收获，那么我们应该怎样准确定位呢？从问自己以下几个问题开始，或许你会有所收获：

第一，我想要什么？

漫步人生路，我想要的到底是什么？只有确定自己的人生目标，搞清楚我们为什么而活？才能在自己的职场定位最佳的目标。接着将它分解成阶段性的小目标，并且遵循“收益最大化”的原则，在收入和社会地位这两个层面上创造最大值。

第二，我擅长什么？

除了明确自己的欲望，我们还要充分认识自己的优势和长处，并且充分发挥它们，才能铸造成功。在这个过程中，不要因为自己的短处而自卑，毕竟人无完人，正视自己的短处，并且用我们的优势去弥补它，我们便可在工作上乘风破浪。

第三，企业需要什么？

如果你从事的是一项自己喜欢的工作，你便能调动身体的诸多技能来从事这项工作，那么工作本身就能带给你无限的满足感和成就感。在这个层面上，你还要知道企业需要什么样的人才和技能，并且让自己充满这些技能以达到更加适应企业的目的。这是一种互惠互利，相辅相成的过程。

微软首席执行官鲍尔默说：“高阶的职位、丰厚的回报和无上的荣誉，只能给予那些跟公司站在一起、让公司放心的员工！”我们要做的正是那个“跟公司站在一起并且让公司放心的员工”，唯有如此跟公司共荣辱，才能让上司把工作交给我们、老板将企业交给我们、上帝将成功交给我们，何乐而不为呢？

第四章

停止抱怨:抱怨只会消磨斗志,停止抱怨才能拥抱成功

很多时候我们总是对工作充满抱怨,认为工作就是一种折磨。但是,当我们放下抱怨,打开心扉,以积极的心态面对工作中的困难时,就会发现,工作并非都是苦难和折磨,抱怨才是对自己最大的折磨。只要停止抱怨,努力拼搏,成功则不请自来。

1. 努力完成工作比抱怨更有效

几乎在任何企业，都有喜欢抱怨、爱发牢骚的员工。他们整天都把抱怨的矛头指向企业的任何一个地方，觉得这不好、那不好，批评这个、批评那个，企业里从上到下，无一幸免。他们习惯性地抱怨自己的工作、自己的领导，甚至是那些给予自己帮助的客户，他们从来没有意识到，抱怨不但不能解决任何实际的问题，反而会让自己陷入一种消极负面的情绪中，影响到工作的完成，对自己个人的事业发展也是百害而无一利的。

一家公司要裁员了，严敏和王莹不幸都在裁员的名单中，她们被告知一个月后离职。两人都在公司里工作了将近10年。回到家后，严敏一夜都无法入睡，她觉得公司对她太不公平。第二天上班后，严敏越想越气，到处跟人抱怨："我在公司待了那么久，工作时认真负责，就算没有功劳也有苦劳啊，怎么就能裁掉我呢？"

一开始的时候，公司的同事都很同情严敏的遭遇，也会适当地安慰她几句，但是严敏总是没完没了地诉苦，时间一长，让人心生厌烦。尤其是严敏每次指桑骂槐的时候，好像自己蒙受了天大的冤屈，看谁都没有好脸色。同事们都很怕遇到她，看到她过来就远远地躲开。

不止如此，严敏还把怨气放到了工作中，她心想：反正还有一个月我就被解雇了，工作做好做坏都是一个样，不如做差一点,让对我不公平的人遭受损失。在这种心态的驱使下,严敏的工作越做越糟。

而王莹却不是这样,当她得知自己的名字也上了裁员名单后,也难过了一阵子,但是她的态度跟严敏截然不同。她认为,既然自己只有一个月的时间,不如给大家留下一个好印象。因此,她从来不向身边的人诉苦,即使有同事偶尔提起来,她也是微笑着,反而说是自己能力不够,应该被淘汰。她像往常一样认真工作,对同事也更加关心。同事们看到她这样善良,重感情,反而更加亲近她。

很快,一个月的时间到了,严敏按照约定离开了公司,但是王莹却被留了下来。原来,两个人对工作和同事的态度都被老板看在了眼里。老板说:"像王莹这样对工作认真负责,毫无抱怨的员工就是我们需要的,我们怎么舍得这么好的员工离开呢?"

可见,面对同样一件不幸的事,抱怨没有任何好处,不但解决不了任何问题,还会使自己的情绪越来越糟,甚至会影响到自己的前途。

曾经有一个著名的企业领导说过:"抱怨只是为自己的失败找借口,是逃避责任的借口。只知道抱怨而不改变的人没有胸怀,很难做成大事。"事实的确如此,任何一个管理制度健全的企业都会重用努力完成工作而不抱怨的人,没有人会因为喋喋不休的抱怨而获得嘉奖和提升,这是再自然不过的事情了。试想一下,只知道抱怨而不寻求改变,这样的人对于工作的责任心会有多大?对工作能够做到认真敬业吗?如果你是领导,你会愿意用这样的员工担任重要的工作吗?

抱怨只会让你在工作中处于被动,与其抱怨,不如努力完成工作,把自己全身心投入到工作中,为更出色地完成工作而努力。

抱怨没有任何好处,在工作中,身为员工的你就应该停止抱怨,把所有的精力和心思都投入到工作中去。要知道,世界上没有完美的工作,与其抱怨,不如调整心态,命运并不会因为抱怨而有所改变,想要改变自己的命运,首先要做的就是努力工作,不能抱怨,只有不抱怨的员工才能把工作做到最好,才会得到领导的赏识。

要清楚地意识到，你没有任何理由去抱怨，你为所在的企业工作不仅仅是为别人，也是为了自己的未来，你所从事的工作让你每天投入了大量的时间和精力，你又有什么理由去埋怨呢？

当然，在单调琐碎的工作中，难免会产生焦躁厌烦的情绪，甚至怀疑这份工作是不是自己真正喜欢的。但是你是否知道，这个世界上并没有卑微的工作，只有卑微的人。不要抱怨工作的单调，也不要埋怨暂时没有机会，学会在工作中找到乐趣，当你对工作产生乐趣时，你就会喜欢上你的工作，自然会愿意为工作而努力尽职，做出出色的成绩。

俗话说，"人生不如意的事十之八九"，你是愿意在一味地埋怨中郁郁寡欢，消极懈怠，还是愿意改变自己的心态，用智慧的头脑去发现机会，抓住机会，努力进取，进而改变自己的人生？

路都是自己走的，与其抱怨，不如心平气和地接受现状，提升自己，努力改变现状，不断拼搏，只要这样才会有出头的一天。上天对每一个人都是公平的，只有付出越多的努力，才能得到的越多，付出的努力少，那么得到的就少。因此，在工作中，不需要去抱怨什么，看着别人的工作薪水高，体面又轻松，而自己的工作辛苦不说，工资也比别人少很多，但是你看到这些表面的同时有没有看到别人付出了多少，自己有多少不如别人的地方？

生活和工作总是有太多的不如意，很多人都会抱怨，但是你能够把这些不如意当作垃圾一样踩在脚下，你就是行动的巨人。一味地抱怨只会带来负面的情绪，增添自己的烦恼。其实只要换一个角度想问题，你就会发现，其实只要肯付出努力，就能改变现在的一切，并且获得最后的成功，让你体会到真正的满足和幸福。

与其抱怨，不如改变，努力完成自己的工作。"与其临渊羡鱼，不如退而结网"，努力耕耘好自己脚下的土地，为了一个目标而奋勇前进，相信全世界都会为你让路！

2. 问题不会因为抱怨而解决

在我们的周围,总是充斥着很多不停抱怨的声音:抱怨工作太累,工资却太低;抱怨工作太多完不成,责怪老板的苛刻;抱怨老板不提拔自己,从不思考是不是自己能力不够,似乎天下所有的不幸的事情都发生在自己身上,自己就是世界上最倒霉的人!

事实真是如此吗?抱怨又真的能解决问题吗?抱怨能让你改变现状吗?抱怨能让你的工作越来越好吗?你的抱怨越多,一切就能够出现转机吗?事实当然不是如此。仔细思考一下就会发现,抱怨带给我们的只是弊大于利。

抱怨让我们浪费了大把的时间和精力,直接耽误了本来可以寻求办法解决问题的时间,让情况变得越来越糟;抱怨给自己造成了负面的情绪,让自己产生了消极的思想,思路混乱,这样就会导致恶性循环,让自己越来越被动;抱怨给身边的同事、领导带来了不好的印象,试想,谁喜欢和一个整天抱怨不断,愁眉不展的人一起工作?不仅工作做不好,还会影响到大家工作的气氛,破坏了好心情。对于领导来说,他们更不愿意花钱请一个消极悲观的人工作。

抱怨的人没有激情,没有活力,是弱者的象征,真正的强者是从来不会抱怨的。命运越是不幸,强大的人就越是敢于向不幸挑战,最终让自己强大起来,改变命运。那么,你是愿意当弱者还是强者?

当然,每个人在付出后都希望能够得到他人的认可,这是无可厚非的事。每一个员工都希望在努力工作后能得到领导的肯定和认可,更希望自己的出色工作能够为自己赢得荣誉,在工作中不断追求这种成就感,在成就和荣誉中享受自己的工作。然而还是有很多的员工不满意自己的工作,抱怨在企业中不能得到重用,没有升职加薪的机会。有的新员工在刚加入企业时，甚至连自己在企业的工作流程和企业文化都不了解，但是一听到工资比预期的要低，心里就打起了退堂鼓。他们从来没有想过要为企业，为自己努力一次。如果这个时候因为抱怨工资过低而向老板提出辞职，就正中了老板的心意。在老板看来，你的心态是不适合为企业工作的，这样的人留在企业百无一用。

日本销售之神松下幸之助曾说过："我从来都不会请那些只知道抱怨工作环境、抱怨待遇和自己的才能不相称的员工，我最喜欢的员工首先是对工作充满热情和激情，对工作有责任心的敬业的员工。也许这些员工自身的能力并不是最出色的，但是他们用自己的踏实、努力、实干的精神感动了我。他们对工作从来不挑剔、不抱怨，真正能够做到为企业做事，即使遇到困难也绝对不会退缩，企业最需要的就是这样的员工。"

范进在一开始进入公司时就很不满意自己的工作，他埋怨地对朋友说："我的老板总是看我不顺眼，一点儿也不把我放在眼里，等到哪天我跟他拍桌子，让他知道我不是好欺负的，然后我就炒了他的鱿鱼。"

范进的朋友听后对他说："我建议你先不要这么干。你先把公司的组织形式和管理流程弄清楚，小到打印机怎么维修都学会，然后再辞职不做。你现在对于公司来说毫不起眼，你走了也对公司没有任何的损失，如果你学会了所有的技能和知识再走，这样公司失去你就是个损失了。"范进听了朋友的话，觉得他说得很有道理。

此后，范进决定把公司的一切知识技能都掌握下来，每天下班后还留在公司，研究撰写商业文书的方法，平时也注意留心老板的管理方式。经过两年的努力，他不仅熟悉掌握了公司的运作和业务知识，还对很多领域了如指掌。连老板都开始对他刮目相看，开始重用他，给他加薪，并且提拔他成为了部门的经理。现在的范进已经成为了公司举足轻重的精英骨干，他再也没有拍桌子走人的想法了。

可以看到，范进听从了朋友的建议，不再抱怨，而是用自己的实际行动去改变现状，思考如何让自己变得更有资本，最后他不仅能力得到了提高，还得到了老板的重用，在事业上也取得了成就。试想，如果当初的他不听从朋友的劝告，只会抱怨、喊冤，那他也许现在还是一个平庸的人，甚至还会为如何换工作而苦恼。

实际上，喜欢抱怨的人并不代表他是个品德不好的人，但是这样的人常常不受人们的喜欢。抱怨者的本意可能是想得到别人的同情和安慰，但是结果却总是适得其反，让别人更加反感。

抱怨不会带来任何好处，也不能减轻苦恼，更无法改善处境，因此我们想要真正地解决问题，首先一定要停止抱怨，冷静地寻找改进的方法。方法的产生是从一个人态度的转变开始的，只要摒弃抱怨，让自己冷静下来，就能够从问题的根源上找出原因，然后想出能够改变现状的办法，这就是一个成熟优秀的员工所必须具备的素质。

不要指望状况能够变成你希望的那样，状况不会因为你的抱怨而改变，再多的抱怨也不能解决问题，需要的是改变自己，主动寻找适应环境，改变自己的方法。面对困难，总是有办法能够解决，只是有的人能找到，有的人找不到。找不到解决办法的人就会抱怨，当抱怨成为一种习惯，就会变得消极、颓废，成功也离你越来越远。

每一个出色的员工都很善于解决问题，他们在每天工作中所展现出来的都是自信十足、胸有成竹的样子。面对那些不可预计的困难，他们总是能够做到从容不迫、精神十足，他们遇到困难时绝对不会抱怨，而是想方设法地解决问题。这样的员工在公司里是同事们的精神榜样，能够得到大家的信任和欢迎，领导也总会委派重任给他们。而有的员工正好相反，他们在遇到问题时总是会抱怨牢骚不断，不去思索问题如何解决，而是寄希望于自己的同事、领导，希望着好运气的降临。这样的人只能让自己沦为平庸的人，也不能在工作上更进一层，领导更不会信任这样的员工，升职加薪也总是和他们无缘。

问问你自己，你是哪种人？当遇到问题时，你喜欢抱怨还是积极地寻求解决问题的方法？须知，工作就是不断解决问题的过程。从早到晚，我们几乎每时每刻都会遇到问题，只要你在职场中，就必须面对问题。悲观消极的人只看到问题，但是乐观积极的人却看到了问题背后的机会。只要抛弃了抱怨的心态，化抱怨为动力，谁都能够接近成功。

要知道，问题中隐藏着机会，在解决每一个问题的过程中都能够让个人的能力得到锻炼，只要我们学会抛弃抱怨的心态，努力工作，解决工作中出现的问题，就一定能够做出一番成绩，成为人人不可小看的职场明星。

3. 抱怨者的特征：自己永远是正确的

在很多企业中都能碰到一群这样的人，他们喜欢说这样的一些话：

“我的工作累死了！”

“为什么总是有做不完的工作？”

“老板对我太不公平了！”

“每天都做一样的事，越来越没动力了。”

诸如此类的抱怨经常可以听到，不少员工在抱怨中不断盘算着自己能够得到什么，却从来没有想过通过自己的努力来争取改变现状，也没有思考过自己为企业带来何种价值。抱怨的人总是把责任和错误推给别人，总是认为自己永远是正确的，从来不在自己身上找原因。他们在自己的脑中设置了各种各样的不足和错误的零件，却从来看不到自己的缺陷，而这样的结果只能让他们在抱怨中一次次地和机遇擦肩而过。

抱怨的行为说明这些人在面对困难时不能够积极主动地寻求解决问题的方法，他们首先想到的是为自己找借口、推卸责任，他们在抱怨中忽视了导致自己失败的真正原因，最后只能是一事无成。一个总是不停抱怨的人只会与成功渐行渐远，最终走向失败。抱怨的最大受害者只能是自己。在很多的公司里，大部分人都受过良好的教育，也有很高的能力，但是他们在公司却迟迟得不到重用，其中的一个主要原因就是因为他们不能做到自我反省,总是怀疑身边的客观事物导致了自己的失败,对身边的人和事抱怨不已。在工作中这样的状况屡见不鲜:当一项工作交代下来后,如果领导不追问,那么结果常常是不了了之,领导不落实,就很难取得有效的成果。还有不少员工在面对稍微困难的工作时故作惊讶,甚至找借口逃避推卸。

喜欢抱怨的人,他们的世界里自己永远没有错误,即使有错也是别人的错。抱着这样过于主观的想法,工作时就不能及时发觉问题,坚持固守着自己那一套错误的方法,结果工作能力得不到提高,工作质量也大打折扣。

抱怨是一种毒素,一旦有一个人开始喋喋不休地抱怨,周围的人就会被这样的气氛感染,进而忍不住加入到抱怨的氛围中去。长此以往,抱怨就会像是病毒一样在企业中弥散,侵蚀瓦解人们的意志,破坏团队内部的凝聚力,甚至影响到工作的顺利完成。

要消除这种抱怨的情绪,关键是改变态度,当你意识到抱怨根本无济于事的时候,你才会主动改变这种不良的情绪,一旦改变了抱怨的习惯,工作就会开始有起色。因此,无论遇到何种境况,无论遇到何种难题,都必须学会从自己的身上找原因。一旦你学会了纠正自己的错误,学会了反省自己,你就会发现,解决问题并不是那么困难的事,困难也不再成为阻碍,而是铺垫你走向成功的奠基石。

实际上,静下心来就会发现,很多问题的产生都是由于人们不会反省而造成的,如果人人都能够做到问题发生时及时反省错误,总结经验教训,那么就可以避免产生更多的问题,在问题一开始就集中精力把错误的种子扼杀在摇篮里。

李海是一家电器商店的学徒工,和他一起的还有两个人,三个年轻人一起在五金店一边做帮工,一边学习。三个人同时进入电器店,一开始时,三个人的薪水都很低,另外两个学徒经常都会发牢骚,对电器店的工作也越来越敷衍。

李海以前从来没做过电器类的工作,这次到了这家电器商店,每天面对各种各样的电子产品,他感到自己的知识非常贫乏,因此他为了补充这方面的知识,每天下班后都阅读大量电子产品的说明书。在其他两个学徒休息的时候，他利用休息的时间参加电器修理的培训班，并且花了大量的时间用在维修电子产品上。他下定决心变成电子方面的行家。在他努力学习的时候，他的两个同事都嘲笑他，认为他做的事情毫无用处，而这并没有动摇他的决心。

终于，功夫不负有心人，通过不断的努力实践，李海从一个什么都不懂的门外汉变成了能够给顾客讲解电器知识的行家，还能够亲自维修电器。他的努力并没有白费，商店的老板把一切看在眼里。李海对电器方面的专注和努力让他非常赏识，不久后就提拔他成为了正式员工，并且把店里的许多重要工作都交给他做，后来还提拔他做了店长。而那两个嘲笑他的同事因为一直没有能力上的提高，最后被老板辞掉了。

可见在困难和失败面前，在境况不尽如人意的时候，我们要做的不是指责别人，也不是抱怨，而是应该反省自己的行为。在抱怨中，解决问题的最好时机就一次次错过了，等到事情变得无法弥补，我们就会在错误中遭遇失败。

其实，抱怨改变不了什么，错误依然存在。如果你想通过抱怨来寻求别人的同情和安慰，为自己的成功铺路，那么你就大错特错了。结果往往会适得其反，让原本别人为你敞开的窗户闭合上，让你变得孤立无援。要知道，每个人都会遇到困难和坎坷，这个时候大多数人都会抱怨命运不公，上天的玩弄，但是很少人能够正确看待自己，冷静地对待问题。每个人都不喜欢被人抱怨，但是总是不停地在抱怨别人，不仅让别人的心情受到影响，自己也会陷入不良的情绪中不能自拔。

我们抱怨同事、老板、朋友，甚至是身边的亲人，身边的一切都成为我们抱怨的对象。为什么出现问题的时候不能及时从自己身上找原因，把错误归咎他人，而到了最后才发现错误其实在自己的身上。

当然，心理状态习惯成自然时，很难有所改变，这就需要我们能够剖析自我，弄清自己的心理变化。在表达自己的不满之前把问题想清楚，并且收集足够的资料，冷静地分析，或许你就会发现，之前的讯息完全错误了，你之前埋怨和责怪的人或事并没有错。只要你有了这种改变，你的成功者的气质就开始显露出来了。

说起来容易做起来难，在困难面前，人们的恐惧之心往往会占据上风，你会害怕别人知道错误的根源其实是你，你害怕不能战胜困难，害怕自尊心受到伤害……因此你变得抱怨，想要逃避别人的指责，逃避失败的痛苦。比如，面对工作的失败，你开始抱怨，因为你害怕别人对你的怀疑……这样的例子不胜枚举，然而事实真的如此吗？你真的找到失败的原因了，但是你勇于承认吗？

成功者首先会勇于承认自己的错误，人无完人，在错误面前勇于承认只会让你得到人们谅解和尊重。无论在工作中还是生活中，当你遇到困难，最聪明的做法不是抱怨，而是静下心来仔细反省，找到问题的症结，并努力解决问题。转变态度，你会豁然开朗，一切问题也都会迎刃而解。

4. 少点抱怨，多点珍惜，你的工作来之不易

工作是每个人的重要的生存方式，任何一个人都需要在现实世界里担负起工作的责任。只有工作才能够体现出一个人的价值，如果一个人不工作，整天无所事事，那么他的活力和激情就会一点点消失殆尽，最后被社会淘汰掉。只有通过工作，人生的价值才能得到实现，人生才会变得充实、满足和有意义。此外，工作还是让我们收获知识，积累经验和人脉的有效途径。如果我们能够意识到工作带给我们的好处，就会变得对工作产生兴趣，珍惜来之不易的工作。当我们从工作中学到经验教训，并且获得了很多回报，提升了自己的能力时，就不会再把工作看成是一件苦差事，工作也不再单调，而是成为了一种重要的生活方式。

当你把工作看作是自己的事业自然就不会抱怨工作的辛苦劳累，因为你知道努力工作就等于为自己的未来努力，而未来回报你的将是更大的收获。

工作给你带来报酬，然而也要意识到，工作同时带给你的还有许多的不尽如人意，我们要学会理智地看待问题，勇于接受工作中不尽完美的地方。对于企业员工来说，既然已经加入到企业中，就应该把企业当成自己的家一样，接受工作的全部。工作会有让我们快乐的地方，同时也有让我们难过的地方，然而正是这些让工作成为了一个不可分割的整体，让我们成长，体会到经历风雨过后的灿烂阳光。

对于企业员工来说，工作能够取得令人满意的成果，在很大程度上取决于员工的态度，相同的工作，有的员工充满激情，也能够取得优秀的成绩，但是有的员工却总是在原地踏步，其实这是因为他们对工作的不同态度造成的。珍惜工作，就会激发对工作的热情，反之，总是牢骚抱怨，消极懈怠，就会在抱怨中消磨自己的意志，让自己裹足不前。

提起“周大福”珠宝，想必无人不知，无人不晓，而其创始人就是在香港被誉为“珠宝大王”的郑裕彤。

在1940年的时候，只有15岁的郑裕彤便来到了父亲的朋友周至元开的“周大福金铺”里做学徒。学徒的工作又苦又累，很多学徒就因为受不了这种苦而离开了，剩下的学徒也是整天牢骚满腹，但是为了生计迫于无奈才留下来。然而郑裕彤与其他的学徒不同，他没有把时间和精力用在抱怨上，而是用在比别人做更多的活儿上。他每天早上很早就去金铺扫地干活，倒痰盂，刷厕所，毫无怨言。等到别的伙计来到铺子里的时候，他已经把铺子打扫干净，可以开门营业了。

有一天，周老板让郑裕彤去码头接一个香港的亲戚。而这个时候，一个从南洋过来的商人也从码头下来，向人询问在哪里可以兑换港币。郑裕彤灵机一动，于是走向前去，告诉商人在周大福金铺可以兑换，而且价钱公道。很快，郑裕彤就把商人领到了周老板的金铺，随后又回到码头接老板的香港亲戚。无意中招揽了一单生意，周老板不禁对郑裕彤另眼相看，此后也开始留意起这个有心的小学徒。

周老板认定郑裕彤将来一定会很有前途。而自从这件事以后,周老板开始有意地栽培他,还提拔他做了金铺的主管,最后郑裕彤娶了周老板的女儿,帮助周老板尽心尽力地打理生意。周老板把金铺交给了他,而郑裕彤凭借自己的才能成为了周大福珠宝的掌门人。

从郑裕彤的成长经历中可以看到,如果郑裕彤当初同其他的学徒一样只知道抱怨,不珍惜自己的工作,那么就不会有今天的珠宝大王,周大福珠宝的名声也不会响彻世界。

可见,一个珍惜工作的人会把自己全身心都投入到工作中,当遇到工作的难题时,首先不是抱怨,而是调整自己,找到其中的原因,想办法解决问题。

有一些员工有着丰富的专业知识和很强的工作能力,拿着令人羡慕的工资,但是他们却并不感到工作的快乐,总是会有各种各样的问题能够成为让他们烦恼的理由,他们总是郁郁寡欢,把工作当作是生存的手段,觉得是迫不得已才工作。

实际上,如果一个人很嫌弃自己的工作,总是抱怨连连,那么注定这个人不会对工作认真负责。如果一个人总是认为工作辛苦、单调,那么他绝对不能在工作中取得好的成就,更不能发挥自己的能力。抱怨工作困难的人看不到工作带给自己的好的地方,其实这正反映了这些人的懦弱——他们没有勇气去取得工作的主动权,也注定不能取得成功。

如果是为了工作而工作,只能将自己处于被动的状态,不能在工作中全身心地投入热情和精力。这样的人,终其一生都无法取得真正的成功。反之,对待自己的工作只有少点抱怨,多点珍惜,用真诚、乐观、积极的心态和坚强不屈的毅力去努力拼搏,那么成功早晚都会属于你。

也许你的工作很平凡,也简单。但是即使是这样,也不能有任何抱怨,而是应该拿出百分之百的热情投入到工作中,只有这样,你才会在忙碌的工作中体会到充实的感觉,才能在平凡中展现出不平凡。把自己的热情投入到工作中,培养对工作的兴趣,那么你就不会抱怨不断,而是能体会到工作的快乐,即使工作再多,也不会觉得疲惫不堪,因为对工作的热爱会激发你身体里的活力,让你充满着能量。

身为企业的一员，要充分意识到工作的来之不易，把自己的兴趣爱好和自己的工作结合起来，真心热爱自己的工作，学会乐在其中，工作就会变得与众不同。那些成功人士大多是工作狂，他们热爱自己的工作，热爱自己的事业，因此成功同他们很近。

快乐工作，把工作当成一种乐趣，抛弃抱怨的心态，并把积极乐观的情绪传递给你身边的同事和领导，形成一种良性的循环，你会发现，工作是一件幸福的事。

5. 不要让抱怨腐蚀了工作热情

一个人职业的成功很大程度上取决于这个人对待工作的态度，而并非才能。这是因为，如果能够在工作中始终保持着高度的热情，就能够充分调动身体的每一个细胞，去积极主动地完成自己热爱的工作。在这个方面来说，工作热情就是促使人努力的动力。这种动力的作用是巨大的，工作热情能够促使一个人克服工作中的困难，战胜苦难，最终到达胜利的彼岸。工作热情就是职场人的助推器，不断推动着人们前进；工作热情也是一种能量，能够影响到你和身边的人积极地投入到工作中。可以说，工作热情是每一个企业员工走向成功的必备素质，也是职业发展的根本前提，是每个人自身的潜在的财富。

在当今竞争激烈的社会中，适者生存是残酷的法则，不能适应社会的人只能被淘汰出局。在任何的公司、企业里都没有能抱得紧的“铁饭碗”，如果不时刻努力，随时有被辞退的危险。但是在工作中，我们随处听到的抱怨的声音还是比比皆是。抱怨工资太低、抱怨工作压力大、抱怨福利差……实际上，这都是缺乏工作激情的表现。这种抱怨不会改变现状，反而会降低你的信心,影响工作的成绩,让你在面对困难时畏缩不前。因此,当你在抱怨中失去了工作激情,你就已经把自己处于一个危险的境地了——你随时可能丢掉你的工作。

因此,要想在职场上获得成功,完成自己的梦想,实现自己的人生价值,就一定不能抱怨。用饱满积极进取的人生态度去对待自己的工作,用充满热情的情绪迎接工作中的各种困难和挑战,具备这些成功者的素质,在不久的将来你也会取得成功。

一个人的能力再强,资本再多,缺乏工作热情,那么他的价值就很难得到体现。没有工作热情的人,对待工作消极懈怠,能敷衍就敷衍,工作也无法取得实质的进展。也许有的人会有这样的心理:"我对工作没有什么热情,但是我的工作能力很强,我也能做出出色的成绩。"但是事实上,这样心理的人混淆了工作能力和工作热情的定义。工作能力并不等于工作热情,但是有了工作热情,工作能力才能够在以后得到锻炼和提高。也就是说,工作热情能够促使工作能力的提高,没有工作热情的人,工作能力再强也很难表现出来,长此以往,能力强也会变得流于平庸。因此可以说,工作热情在某种程度上比工作能力还重要。

那么,身为企业员工,怎样才能提高自己的工作热情呢?其实,工作热情并不是可以学到的,它既不是来自于书本,也不是领导能教给我们的。工作热情来自于自己的内心,是自身对于自己所从事的事业高度的热爱,是我们对于同事和领导的一份感激,是我们对于社会和人民的一份奉献,是我们对于知识和技能的无限追求,是我们对于未来人生的美好的憧憬。

1989年4月,从部队复员后的祁赤光被分配到元宝山发电厂的汽机车间。这里的工作脏、累不说,需要忍受着极高的温度操作,具有一定的危险性。然而,刚来到这里的祁赤光感受到工作的艰苦后,并没有抱怨,从部队出来的"铁打的汉子"以他坚强的信念和对工作的热爱,把自己全身心投入到工作中,多年来,他身边的工友一个个调离,而祁赤光任劳任怨,一直默默地坚守着自己的岗位,一做就是23年。

1993年,因为一直对工作有着极大的热情,加上多年来磨炼出来的精湛的技能，祁赤光被领导赏识，提拔成为调速班第一小组的组长。光荣的职位和使命的艰巨给了他努力工作的动力。当时的2号机在大修期间，班组只有三个成员，但是祁赤光依然承担下艰巨的工作任务。在他的带领下，同他的工友们研制出了用来维修和替换气门的专用工具，这为以后的维修工作带来了极大的方便。

2004年的6月，祁赤光被选为汽机调速班的班长，他对工作也更加积极热情。单单是工作中的重要项目他都会亲力亲为。当年3号机大修工程任务中，祁赤光主动承担了汽轮机顶轴油的系统改造工程任务。经过仔细地摸索和思考，他提出了更为简便的方法：在2台顶轴油泵的旁边再加一台顶轴油泵，并且把3台顶轴油泵的出口改为母管制的方式，这样当两台油泵同时工作时，出口管就会向系统同时供油，这样极大地节约了成本，同时也保护了汽轮机，保证了机组系统的安全性。

2009年的1号机组大修期间，祁赤光积极地投入到工程建设中，在白天完成了自己班组的检修任务后，夜里又主动加入了外包工程任务。尤其是在汽轮导管更换的后期，由于西北电建的撤离，任务非常紧急。在这个关键时刻，祁赤光为首的调速班毅然主动提出承担起这个艰巨的重任。祁赤光带着同事们连续奋战了三天两夜，终于将五根导管全部更换完毕，并且保证了导管的安全性。

还有一次，工厂进行阀门调试，这期间，外国的工程师没有及时到位，导致阀门检测迟迟得不到正常运转，祁赤光在这个时候又一次主动请缨，带领工友克服种种的困难，仔细翻阅资料，反复拆卸机器设备，连续奋战了50多个小时，终于将阀门调整到正常的运转中，让机组顺利启动。

2007年，祁赤光被光荣地评为“全国五一劳动模范”。

可以说，祁赤光的事迹值得我们学习和颂扬，而他最值得我们学习的就是他面对又苦又脏又累的工作时，没有丝毫的怨言，而是带着无限的热情投入到工作中。面对工作中的困难，一次次充满激情地忘我投入，在他辛勤的工作里,他的人生理想和价值得到了体现,他的职业人生是有意义的。

可见,工作热情可以增加我们人生的厚度,能够激荡起我们持之以恒地追求梦想的信念,让我们体会到工作的意义和价值。

良好的工作态度才能激发工作的热情。当你在日复一日的工作中找不到激情和动力的时候,不妨换个角度,重新审视自己的工作。工作并没有高低贵贱之分,任何工作都有重要的地方。

有工作热情的员工能够不断激励着自己奋勇向前,用饱满的精神状态去迎接每天的新任务、新挑战,克服工作中的难题。只要拥有饱满的激情,任何困难都不能成为阻挡我们前进的理由。用饱满的激情去努力经营自己的事业吧,这样你一定能得到领导的赏识和认可。而那种在热情的工作中获得的精神上的充实和满足,是你在工作中获得的最大的成就。

6.抱怨是对自己最大的不负责任

人的一生中总会遇到许多的挫折和磨难,而抱怨没有任何用处,只不过是用来逃避责任的借口,是对自己最大的不负责任的表现。

喜欢抱怨的人很少在问题出现时去思考怎样解决问题,也不认为独立主动、积极地解决问题是自己应尽的责任。喜欢抱怨的人把到处跟人诉苦当成家常便饭,只知道怨天尤人,不懂得反省自己的错误。抱怨者完全不明白被企业重用的前提是努力负责地完成自己的本职工作,他们也注定不能在工作中取得优秀的成绩,最终,失去了原本属于自己的升职加薪的大好机会,前途一片暗淡。

虽然抱怨能够减轻人们心中的不满情绪,但却会使人朝着消极的方向走去。一旦产生抱怨，自然会分散自己的工作精力，把自己陷入抵抗的消极情绪中，会以消极怠工的方式来发泄心中的不满。原本能够及时完成的工作会找借口拖延，原本能完美完成的工作总是留有瑕疵。

抱怨对工作没有任何益处。一个习惯将抱怨挂在嘴边的人，只会离成功越来越远，最后跌进失败的深渊。

朱宇楠是一家IT公司的软件程序员。一次，老板交给她一个难度很大的工作，并问她能否胜任。朱宇楠很清楚自己的实力，但是她不愿意在众多的同事面前拒绝老板的要求，而且她觉得老板只把任务交给她，说明很器重她，因此朱宇楠一咬牙，接受了这个任务。

由于老板的工作期限很短，再加上工作的难度大，朱宇楠最后还是没有按时完成工作任务。为此，朱宇楠受到了老板的严厉的批评，还被扣了部分工资。为此，朱宇楠觉得十分委屈，同时也感到很生气。她觉得自己已经为工作尽了最大的努力，而且时间短，难度大，完成不了是意料之中的事，自己并没有错。

此后，朱宇楠经常向同事们抱怨这次遭遇："老板真不公平，本来这么短的时间做这么难的活儿就已经很不容易了，现在做不成还处罚我。"隔墙有耳，朱宇楠的抱怨传到了老板的耳朵里。之后，老板在给朱宇楠又一个工作任务时，不留情面地说："这里我是老板，员工只能服从，不能抱怨。我这里不养白吃饭的人，如果这次你再完成不了，还是考虑自己换一个力所能及的工作吧！"

"人要脸树要皮"，从办公室走出来后，朱宇楠递交了辞职信。她懊悔不已，没想到自己的抱怨让她失去了工作，真可谓得不偿失。

可见，抱怨的通病对我们的职场生涯百害无一利。对同事的抱怨声一旦传到了老板那里，老板对你的印象就会大打折扣，你在公司的前途就令人担忧了。毫无疑问的是，任何企业老板都不会喜欢抱怨的员工，因为抱怨会让人觉得你自私、不负责任，因此在考虑裁员对象时，喜欢抱怨的员工通常都是最先被裁掉的。

在工作中产生抱怨的情绪是无法避免的，但是抱怨过多，就会在企业内部形成一种不良的抱怨的氛围，进而影响到整体工作的进度。为了企业的健康成长，老板自然会首先清除掉那些喜欢抱怨的员工。因此可以说，你的抱怨让你失去了工作的动力，变得消极、懈怠，不负责任，而最终你只能独自吞下苦果。也就是说，抱怨等于对自己的不负责。抱怨的人不敢承认错误，总是强调诸多客观借口，而这样做的结果只能让人更加轻视你。

身为一名企业员工，千万不能喋喋不休地向别人抱怨自己的苦恼、不如意，过多的抱怨只能说明你的无能和懦弱，不能改变任何问题。只有消除抱怨的情绪，不断努力，提升自我价值，才能让自己的职业生涯出现转机，得到迅速的发展。

但凡那些工作能力强的人，一旦工作中遇到难题，都能够冷静地思考，并且通过自身的努力克服困难，扭转不利的局势。而懦弱无能的人遇到困难就会变得束手无策，没有足够的勇气和智慧与困难抗衡，只能到处抱怨，满腹牢骚。须知，长期的抱怨会导致你失去对企业的忠诚度，降低工作的效率。需要清楚的是，企业请我们的目的是解决问题，而不是在遇到问题时抱怨不停，只知道唉声叹气，制造恐慌。抱怨的人对于企业来说是最不受欢迎的员工，没有任何一家的企业愿意用一个对工作毫不负责、只知道抱怨的人。

如果你是一个聪明的员工，就不应该抱怨自己没有机会，而是应该扪心自问，你仔细地思考过你为企业做了什么吗？你的工作又能为你带来怎样的成就？你是否把对工作的抱怨转化为努力工作的动力？只有这样才能避免抱怨带给自己的恶劣情绪，进而影响到自己的工作。

那么，怎样才能摆脱抱怨的情绪，用豁达、包容的心态来对待工作中的难题呢？

首先，要充分理解你的领导。站在领导的位置上想问题。试想一下，如果你是领导，你会怎么做，你是否会做得比领导还好？

其次，尝试着把抱怨的事转化成建设性的问题。须知，领导需要的是对企业的未来发展有利的建设性的话，而不是怨天尤人的话。抱怨体现的是你消极的一面，而建设性的话体现出你积极主动的一面，说明你是一个对工作认真负责，善于思考并能解决问题的优秀员工。多用商量和建设性的语气和老板沟通，老板通常会喜欢这样的方式。

最后，克服消极的思想。当你在内心感到不满时，不妨默念："不要抱怨，努力工作。"把抱怨的时间用在努力工作上，主动承担起自己应该履行的责任，不为自己找借口，告诉自己："我愿意承担工作中的一切责任。"

此外，如果你忍不住想要发牢骚时，也要掌握方法和分寸。在遇到让你头疼的事情时，不要想着逃避，理智地思索这件事给你带来的影响，也不要不分场合地乱发牢骚。如果情绪实在难以控制，可以找一个没人的地方发泄出去。

我们要对工作负责，对自己负责，就一定要停止抱怨，端正心态。这样你就会发现，原本你认为是外在的客观环境造成的问题，其实并非如此，而真正能够解决问题的钥匙，在你自己的手里。

第五章

提高效率：努力提高工作效率，“苦劳”才会变为“功劳”

对于企业员工来说，不能提升个人的工作“效率”，就很难实现自我价值的提升，更可能导致所有努力都白白浪费。因此提升效率已成为我们工作时的准则，唯有在同一时间生产出更多产品、激发更多的灵感、创造出更高的绩效，才是屹立职场，永远不被他人取代的唯一良策。

1. 没有绩效的努力都是“白流汗”

在猎头公司有这样一句行内规则:“有业绩,才有发言权!”可以说,无论你从事何种行业,业绩能够说明一切,毫不夸张地说:业绩决定一切,没有业绩,你所有的努力都是“白流汗”,你所付出的一切都将付诸东流。

如果你是初出茅庐的应届毕业生,那么你在应聘的时候,你的过去是一张白纸,面试方考察的是你的专业知识;如果你是一位准备跳槽的员工,那么面试方考察的是你过往的工作业绩和效率;如果你是一位身处职场,正准备大干一番的普通员工,那么你的业绩和效率将能说明你的能力。

提起“绩效”,首先映入大家眼帘的可能是销售人员,他们是以业绩说话的人,你为企业带来的销售量和利润代表着你的业绩,如果你用短时间完成了他人长时间才能完成的销售额,那么你的效率是名列前茅的。你不但有机会成为销售部的领导,你的“性价比”也非常高!

缺乏绩效有时会令人感到尴尬,没有绩效,你将错过公司内部晋升,在职位的提拔过程中,老板也不会给予你多一分的眷顾,即便是跳槽,你仿佛也失去了最重要的证据来证明自己的能力。在总结个人能力的时候,“绩效”是一项非常有说服力的指标。你不用多费口舌,你的领导会对你的过往工作有一个认识,对未来给你的职业规划也会更加明朗。

农历新年刚刚过去,当人们在家欢度新春的时候,依然有一些建设者为城市的发展坚守在施工现场,辛勤劳作。在这支队伍中，就包括“全国十大杰出职工”、全国劳模刘志祥。

1986 年，20 岁刚出头的刘志祥加入了铁路建设大军的行列，来到中铁四局二处六段木工班。这位从湖南省衡山县大山沟里走出来的木匠小伙子，有着山民的刚猛和坚韧，他的脚步从徐州、阜阳铁路枢纽，到宝中铁路、京九铁路，再到西安、神延、秦沈铁路客运专线，他随着队伍南征北战，四海为家。

刘志祥每天都像拧紧发条的钟表，绝不让时间白白地流失。良好的业绩带给他诸多荣誉，1995 年和 1997 年两次荣获铁道部“劳动模范”称号，新中国成立 50 周年前夕获“全国十大杰出职工”，2000 年“获全国劳动模范”称号是对他十几年献身铁路事业的最好褒奖。

去年 9 月 25 日，刘志祥接到一个新任务：到南京江东路部分节点工程改造项目担任项目经理，负责项目行政全面工作。市政工程牵涉的协调工作特别多——各种管线的迁改、绿化带的迁移、路灯路具的拆除、兄弟单位的交叉施工等工作，协调难度大。

一般人都是唯恐避之不及，可是对于刘志祥来说，这些都不是问题。在扩围挡的过程中，为了节省时间，他并没有按照常规做法，一反一步扩到位，而是采取今天往外挪一米、明天往外挪一米的方法，步步为营，让过路的司机和交警部门有个适应缓冲的过程，用最短的时间解决了施工作业区狭窄的局面，方便机械设备伸展拳脚，从而推进施工进度。

刘志祥一直遵循“不等不靠、主动出击、未雨绸缪、超前思维”的工作思路，凡是能预见的事情，他都要提前做好准备，避免浪费时间的情况发生。针对可能会出现窝工的情况，刘志祥果断决定主动派人帮他们清运围挡内的渣土挪围挡，为项目施工争取时间，推动了整个项目施工进度。

刘志祥用最短的时间将问题化解掉，这是高绩效的表现。而在你我的工作当中，也少不了这种精神，无论所接受的是何种工作，我们的脑海中首先要思考的就是：用怎样的策略才能来解决它？可以最快地提高利润,达到高于预计的水平?唯有这样,才能让自己的工作计划更有说服力,节省更多的时间,不让自己的汗水白流。

在这里需要注意的是,究竟什么才算是绩效?你的绩效又来源于什么?怎样才不致让自己的汗水白流?需要从几个方面努力?

第一,专业知识。你在所属行业里的专业知识是支撑你绩效的重要组成部分,专业知识来源于进修成果、工作经验的积累,即便是那些拥有十年工作经验的人,如果不能将自己的所学和经验转化为工作中的动力和策略,那跟走马看花、囫囵吞枣并无二异,根本不会受到领导的重用。在职场路上,业绩就是绿灯。只有通过业绩,领导才能检验你的能力。因此与其浪费时间去表现你的能力,不如努力地取得一些令人赞扬的业绩,让老板对你刮目相看。想要创造更多的绩效,你可以试着从学校和工作中汲取养分,努力创造成功。

第二,说得少、做得多。这是提升自己绩效的有效途径。很多人喜欢用嘴来"工作",却不付诸行动。其实绩效是要靠你的实际行动争取的,付出了汗水就一定会有所收获。因此任何工作都不能只停留在"说"这个层面上,永远都要立即执行,切忌"说得多做得少"。

第三,分析工作。只要你想成功,工作永远是做不完的,如果你每项工作都想做好的话,那么你终其一生也无非是一位勤劳的人,但绝不是成功人士。成功人士绝不会"事事做",他只要一件事做得精便会在职场上站稳脚跟。想要成功,除了付出汗水努力之外,还要试着分析你的工作,精力集中才能把一件事情做好,将自己的主要精力集中在更为值得付出的工作上面,这样才会使自己的工作更加有业绩和效率。

第四,做自己擅长的事。俗话说"龙生九子,各有不同",我们每个人的性格、喜好都不尽相同,包括我们的能力和擅长的方面,工作上我们要找到自己真正擅长的事取长来弥补我们行为准则中比较欠缺的地方。换言之,为了我们有绩效,我们应该去做我们擅长的事来发挥自己的能力。人各有所长,发挥长处比弥补短处容易得多,也更有业绩和效率。

第五,团队精神。绩效是个人能力的体现,但有的时候你要试着"御风而行",跟团队合作。一个人再有力量也不及一个团队,只有跟团队精诚合作,才能将自己的精力集中在更能体现个人业绩的方面,付出更多的努力和汗水缔造成功!

第六,养成高效好习惯。心理学家说过:一个人养成一个习惯只需要21天。在生活中勤俭是好习惯,而在工作中不浪费一分一秒是好习惯,将这个习惯发扬光大,你的绩效才不致浪费。

我们刚才说过,绩效首先是你努力的成果,它跟你的努力程度成正比,付出的汗水越多绩效越高。高绩效带给你的是优渥的物质财富,也会带给你职位的晋升、精神的享受和自我价值的实现。但是我们身边的很多人都是"白忙族",他们非常努力,但是却没有成绩和效率,这样的努力带给他们的仅仅是单纯的"充实感",却不是成就感。想要在职场上越发地有成就感,你就必须试着从"创造更多的绩效"这个层面来出发,来对待工作,以等待成功的垂青!

2. 合理规划时间,提高你的工作效率

在工作中,你是否有这样的抱怨:

班长让我制作的模具,怎么做了这么长时间,还没完成啊?

电话怎么那么多啊?

开不完的会,什么时候是个头啊?

本职工作都干不完,哪还有时间做那些琐事啊?

……

我们在工作中常常马不停蹄,开会、接电话、回复各种邮件等等类似这样的事情总是给我们巨大的紧迫感,高度紧迫感会给我们的身体带来诸如心悸、头昏、高血压等后遗症。除了身体抱恙,为琐事浪费过多的精力势必会让我们的效率低下,丧失工作的自主感。这个时候,我们应该怎么办?心理专家建议:通过管理和规划你的时间,让这些压力逐渐消失,在此基础上提高工作效率。

“规划我的时间?”乍听这句话,很多人都会产生疑窦,时间本是无形的,若不是手表的时针和分针在不停地往前走,谁知道是几点呢！这话不假,即便是那些哲学家都不能准确地说出究竟“什么是时间”,更何况我们这样的普通人。这样一来,又怎么样管理和规划我们的时间呢?

诚然,时间的确是虚无缥缈的,看都看不见,更遑论管理和规划了。但是换个角度去思考的话,我们需要管理和规划的难道真的是时间吗?而不是使用时间的人吗？对,使用时间的你！时间是不等人的,它也不受你我的控制,我们唯一能做的是——规划自己的时间,让它产生最大的价值。因此要规划时间,我们首先要做的就是管理自我。

一般来说,除了能力不足、完美主义之外,人们浪费时间最主要的原因就是拖延成性,对时间完全没有概念,这样才会受到时间的惩罚——将精力和时间浪费在无谓的事情上。时间管理学家倡导的“合理规划时间”正是一种追求改变和自我学习的过程。

李永一是沈阳市劳动模范、沈阳市和平区招商一局境外联络部科长,工作9年来,他一直在一线工作岗位,在认真贯彻落实区委和区政府关于全区对外开放及招商引资工作的总体安排部署的基础上,工作兢兢业业,用强烈的责任心和事业心为招商系统完成各项指标,并做出了重大贡献。

众所周知,招商洽谈工作的步骤非常多,需要提前做好准备的地方也非常繁杂,能做好洽谈工作,非常令人钦佩,而李永一就是这样的人。在每次出访招商的过程中,李永一细致认真、思维缜密,处理起问题既全面又灵活,虽然项目衔接得非常紧密,但是他总能将出访日程安排得当周全,准备好洽谈资料,在洽谈的过程中表现出超强的招商策划与管理水平,也令同事和领导啧啧称奇,多次得到市、区领导的肯定。

说起其中的秘诀,李永一说:“这是我时间管理得好!”虽然工作繁杂,但是李永一并没有恐慌,而是根据待办事情的重要性和所需时间来划分时间的安排,重要和所需时间多的事儿摆在第一位,次要的事儿放在第二位,以此类推。

由于李永一在文字方面的能力比较突出，在工作中他能认真做好区领导出访在谈项目后期的汇总工作，为领导出访或推进项目落地提供决策的有力依据。在这个过程中，李永一能够客观地对现有招商经济项目资源进行全面整合。在此基础上，他还全方位积极开展招商联络工作，秉承"巩固一批老客户，发展一批新客户，激活一批休眠客户"等三项原则，根据企业的特点和要求，寻找合适的项目给予推介。李永一说："类似这些工作，并不用大块儿的时间便足够完成。"在规划时间这个层面，李永一还坚信有很多事情不必要花整块儿的时间，那么在开会间隙或者是等待的时间，他都予以处理。源于在时间管理方面有条理，李永一的招商工作才会处理得完美无缺。近年来，他先后陪同区委、区政府领导到上海、深圳、广州及香港等地区，以及韩国、印尼、马来西亚等国家开展招商活动，为出访招商项目落户沈阳和平区做出重要的贡献。

在规划时间这个层面，李永一可谓"个中高手"，他并没有被时间所束缚，反而让时间为自己服务。其实上帝是公平的，不管你是领导、老板，还是普通老百姓，每个人每天只有二十四个小时，而李永一却能创造大于二十四个小时的价值。在规划时间方面，李永一最大的特点就是善于利用零碎的时间，比如开会的间隙、等待的时间等。对于那些每天总在抱怨"自己很忙"的人来说，如果能够合理规划时间的话，时间也会回报更多给他，比如高效率和成功！为什么我们要合理规划自己的时间？规划时间最大的目的正是为了避免浪费更多的时间，有效地完成预定目标的同时，更能提高效率。那么我们应该怎么规划我们的时间呢？

第一，制作工作清单。每天下班儿之前，利用五分钟时间将第二天的工作记录在案，第二天照此工作清单工作。需要注意的是，在每项工作之后标注所需时间，这样一来才能对工作有一个更加深刻的认识，以便更加有的放矢。当计划做好之后，我们要时刻提醒自己：务必按照计划上的内容进行工作。

第二，根据事务的紧急重要性来规划其先后顺序。对于那些既重要又紧急的事务，我们要第一时间处理，如果当时没有处理得当的话，很可能会给事态带来更严重的影响，得不偿失；对于那些重要但不紧急的事务，我们不需要第一时间作出反应，那么就意味着我们有更充裕的时间来对其进行规划，防患于未然；很多人习惯将大把的时间浪费在那些“不重要但紧急的事务”上，因为“紧急”在很多人的认知当中都非常重要，但这是在规划时间的层面上是一个误区。“紧急”不假，但是大多数这些事务均是一些作用不大的事务，换句话说其干扰性很小，因此我们不需要把时间耗费在这类事务上；而对于那些既不重要又不紧急的事务，大家完全可以将它们忽视，用一些零碎的时间来处理，切忌把时间随便花在处理这类事务上。

第三，善于利用零碎时间。案例中的李永一就是一个善于利用零碎时间的人，比如等待的时间和流动的时间：

等车、等电梯；

开会之前、电脑开机之前；

坐车、排队；

刷牙、洗脸；

……

这些时间本就短，并不能利用这些时间完成某项工作，可是一旦任由它们白白浪费，真的很可惜。我们完全可以利用这些时间：

想要继续进修语言的话，可以背几个单词或语法；

浏览一下电子邮箱，回复几封邮件；

若是会议之前，思考准备一下自己的发言和思路；

草拟几份合同；

……

人人都说：时间是靠挤的，但其实只要你规划得当，抓住规划时间的核心，那么时间也能为你所用。军事家苏沃格夫曾经说过：“一分钟决定战局。”海军上将纳尔逊曾标榜自己的成功来源于对每一分钟的珍视。唯有让每分钟都变得有价值，才会让这一分钟内所做的事情有价值，价值高意味着高效率，提高效率才是我们的终极目的。

3. 良好的学习能力让你的努力更有成效

民间有句俗语叫“一招鲜，吃遍天”，这句话向我们阐述的是：只要你有一个过人的技能，走遍天下都会有所成就。但是我们需要探讨的一个问题是，这所谓的鲜的那一“招”从始至终都是一个样子吗？是否需要改良和提高呢？答案是肯定的，无论你取得的成就有多么得辉煌，如果你不提升自己的工作技能，那么你一定会有坐吃山空的那一天。换言之，只有不断提升自我，才能更有成效！

想要提升自我只有一个途径，那就是不断地学习，扩充自己的知识面。在此基础上，通过积累经验也可以让你处在不断学习的过程中。只要选择这一行，就要从内心里喜欢这行工作。热爱才能做到钻研，只有不断深入才会在工作中获得更多的灵感和方法，避免因囿于一方成就而使自己前进的脚步停滞不前。

王刚，今年33岁，是中航工业沈阳飞机工业（集团）有限公司数控加工厂“王刚班”的班长，铣工高级技师，中航工业集团公司首席技能专家。由他带领的班组创造出独具特色的“王刚班模式”，在某新研型号中创造了首批全部产品“零缺陷”交付的奇迹，王刚的徒弟也相继在各个技能大赛中摘金夺银，被称为“高手团队”。

获得荣誉：2008年第四届“振兴杯”全国青年职业技能大赛铣工冠军、辽宁“五一”奖章；2009年全国技术能手、全国青年岗位能手等荣誉称号；2010年，中央企业先进职工标兵、沈阳市特等劳动模范；2012年，辽宁省劳动模范，沈阳市创先争优优秀共产党员；第四届全国职工职业技能大赛铣工比赛第一名。

为什么在这个班组中会有这样的向心力与核心力呢？每当问到这个问题时，班组里的所有成员都会异口同声地说：“因为我们有个好师傅。”他们口中的好师傅就是班长王刚。据成员吴学文介绍，王刚是个非常称职的师傅，无论是在工作中还是在日常学习中，他都会毫不保留地将他所掌握的技能全部传授给徒弟们。在每天固定的学习课中，他还会利用午休前半个小时给大家讲授专业知识，并进行质量、安全等方面的专题培训。

特别是当吴学文在沈阳市“百千万”职业技能大赛中获得铣工冠军时，与其一同参赛的王刚却位居第二名。尽管如此，王刚丝毫没有嫉妒和后悔，也没有“教会徒弟饿死师傅”的想法，反而打心底里替自己的爱徒感到高兴。

了解王刚的人都知道，他是个不善言谈的人，甚至与陌生人讲话的时候，时常会脸红。但是当他给徒弟们讲授专业知识的时候，话匣子便打开了，此时的王刚，会把自己多年总结的心得讲解得既生动又有趣，其中大量的铣削技巧，这对提高产品质量和生产效率起到了重要作用。

现在，王刚又开辟了一个促进学习的新渠道——网络学习，他利用班组的QQ群，传递学习材料、解答疑难问题，这种学习方式也被大家幽默地称为“全天候”学习。

职场中的我们是不是也应该向案例中的王刚一样，扩充自己的专业知识已达到快速提升自己能力的目的呢？“罗马并非一天建成的”，因此我们应该通过以下几个方面提升自己的学习能力。

首先，明确自己的真实实力。没错！知道自己的能力，才能更加有的放矢地制定学习方向和目标。怎样判断你的实力呢？你可以尝试这样问自己：

在工作中，相对于他人来说，我有哪些优势？

就目前的工作而言，哪种能力是最需要的？

虽然我有独到的优势，但是在工作中我最欠缺的是什么能力？

对于欠缺的这种能力，我应该怎么做才能提高呢？

当以上这四个问题有了答案之后，我相信你一定对自己有一个更深层次地了解，明晰今后努力的方向。

第一，优化或者提升你的能力。当明晰学习方向之后，你需要选择优化抑或是提升自身的能力：

如果你的优势与工作急需的能力有交集，那么你现在需要做的就是优化你的专业知识，将你原有的优势放大即可。

如果你的优势和工作急需的能力没有交集，那么你现在急需解决的便是学习和提升，通过学习将这种能力转化为自己的优势，才能让你的努力更加有成效。

第二，管理自己。很多人在学习的过程中会有一种自然而然的惰性，只有那些能从行动上约束和管理自己的人，才能学到更多。掌握和积累知识必须付诸实践和行动，否则知识再多也无非是纸上谈兵。所以，在你学习的过程中一定要将学到的知识、方法和策略运用到实际的工作当中。

第三，从工作中汲取养分。很多时候，因为对工作缺乏热忱，我们常常忽略了工作的重要性并丧失对结果的良好预期，导致工作只能勉强完成，成效差强人意。想要通过学习来增加我们的成效，我们可以尝试从工作中汲取养分。工作能给予我们什么能力，我们要学习什么？每次达到何种程度？试着从工作的角度出发来思考，才能身体力行地将自己所学回报给工作。

第四，量化你的工作。我们知道“量变能引发质变”，我们可以将这种理论带到学习的过程中来。当把每天的工作进行量化，用数据来审视自己，才能从量化中得到进步，进一步自我增值。你可以记录每天的工作量、效率等指标，当今天的你比昨天进步了，说明你的努力更加有成效。

第五，思考、反思与总结。想要使自己的努力更有成效，我们一定要在学习的过程中经常思考、反思和总结。这是一个自查的过程，只有通过自查，我们才会更加确定自己的奋斗目标，同时认清我们的实力、激发我们的斗志，并且挖掘我们的潜能。在了解自身能力的基础上，才能规划实现目标的可能性，让自己的努力更有成效。

第六，学习应对压力。我们常说“压力是柄利刃”，对于那些不成熟的人来说，遭遇压力等同于丧失一切动力，不但失去对工作的热忱，更有甚者会直接导致失败。但是对于那些意志坚强的人来说，压力却是自己成功的垫脚石。不要质疑，学习应对压力，才能拥有更高的积极性，去处理工作，继而使自己的工作更有成效。那么怎样才能正确应对压力呢？

第一步我们要直面压力，面对压力不要退缩。压力袭来，正面直视压力是非常关键的，同时这也是非常奏效的一步，它会帮助我们给压力一个下马威，继而激发我们身体中的动力和勇气。

第二步探寻压力产生的原因。压力并非空穴来风，它的形成是有一定原因的。从这个层面来分析压力其实是一种信号，它在提醒我们在处理某些事件上有些偏颇，或者是应该提升自己的能力、增强自身的力量等等。

第三步则是从个人的主观能动性方面发挥，去适应压力的存在。既然压力催促我们成长，那么我们一定要适应压力的存在，在这个基础上寻求压力的正面意义，真正“化压力为动力”，为我们的成绩和效率增值。

我们的成功来源于我们的辛勤努力，良好的学习能力可以让我们自身的价值得到提升，在处理工作的时候更加游刃有余，提高效率和成效，何乐而不为呢？

4. 提升效率的关键：行动比心动更重要

据统计数据显示：美国人均工作时间是每年 1610 个小时，日本的人均工作时间为一年 1758 个小时，而中国是世界上人均工作时间最长的国家之一，人均工作时间约为一年 2200 小时。而与这项数据紧密联系的则是另外一组数据：挪威人每小时平均创造财富 37.99 美元，美国人为每小时 35.63 美元，法国人为每小时 35.08 美元，而中国人则为每小时 5.75 美元。

这两组数据恰恰说明，工作的成效不仅仅依赖时间，更依赖效率。价值不是体现在工作时间的长短，更加体现在效率的高低上。效率是效益的实现途径，效率是效能的存在基础。有效率的工作才能创造更大的价值，只有行动才能创造高效。

"她是我们身边的'时传祥'，她获得的荣誉很多，而鲜花和掌声的背后，是她为最脏最累工作的慷慨付出。"这是首届"十大青海好人"活动中对清洁女工赵红霞的颁奖词。

今年47岁的赵红霞自1990年参加工作以来，便成为西宁市一名普通的环卫工人，一个大扫把，从春扫到夏，再从秋扫到冬，每日为城市的整洁而忙碌。1996年她调入西宁市城北区城管执法局服务科，成为局里唯一的女清淘工，长年与粪池为伴，日日与恶臭为邻，一干就是16年。

16年，赵红霞忍受了生活中的种种艰难，克服了工作中的脏、苦、累、难、险甚至是羞辱，凭着干一行、爱一行、钻一行的劲头，成了清淘工中的"女专家"。

"我不怕累，也不怕脏，就是怕市民们的化粪池不能及时清除。"赵红霞说，清淘工是一件很艰苦的工作，有些化粪池泄漏，只有下到粪便齐腰深的池中才能进行作业，臭气熏得人睁不开眼，只能半闭着眼摸索着去干。

随着城市建设的飞速发展，城市环卫设施有了极大的改善，美观方便的水冲式厕所逐渐代替了以往的旱厕，传统意义上的淘粪工渐渐淡出了人们的视线。但是，城市小街小巷内，由于道路狭窄，车辆无法进出，个别化粪池的清淘仍旧需要人工作业，人工清淘化粪池仍然是环卫工作中最艰难的工作之一。

"朋友劝我，换一个清闲一点、体面一点的工作，但我都谢绝了，我爱我现在的工作，也爱我的劳动。"

"我在家休息时最害怕的就是电话响，电话响起那就要有新的任务，特别是节假日或周末，有时候我正在吃饭，电话突然响起，我不得不放下筷子赶往现场。"赵红霞说，凡是她清理过的化粪池、疏通过的管道，都是一年保修，随叫随到，保证通畅。十几年来，她下过无数次化粪池，也面临过很多次生与死的考验，但从没有退缩过。

多年的实践和探索，赵红霞提出的“关于筹建化粪池污物净化利用的设想”，已得到有关专家和领导的肯定。她本人获得了全国五一劳动奖章，全国巾帼建功标兵、中国环卫2010年度杰出人物等荣誉称号，还获得了第三届全国道德模范提名奖。

“凡是赵红霞清理过的化粪池、疏通过的管道，都是一年保修，随叫随到，保证通畅。”短短“随叫随到”四个字体现出她是一个行动派，脏活累活谁都不愿意干，但是案例中的赵红霞却用行动向我们展示了“行动比心动更重要”这句话的深层含义。这种精神是我们现代职场员工所必需的，但是身处现代职场的我们仿佛将“行动”抛诸脑后。其实，“行动”是一种工作能力，职场上的“行动派”，往往能创造更多的效率。想要用“行动”取代“心动”也不是没有办法，我们可以试着从以下几个方面入手：

第一步：勤奋。

勤奋永远是保持高效率的前提和基础，在工作中只有勤勤恳恳地努力去完成任务，才是对自己和对公司负责的表现。诚然，享受固然没错，但是勤奋的人总能迅速地从他人中脱颖而出，缔造一番辉煌的事业。不论你从事的是哪种工作，销售人员也好、普通的文员也罢，只要你勤奋地努力工作，你就一定能够成功。

第二步：在路上。

“在路上”旨在提醒你，永远处在工作进行时。

当上司要求你完成企划案的时候，你也许会想：“天哪！还是让我先上网看看新闻吧！等一下再干！”

当你被勒令给客户致电询问合作事宜的时候，你也许会产生这样的抵触情绪：“好紧张！我还是先跟朋友聊聊天缓解一下吧！聊天之后，我就不会紧张了，到时候再给客户打电话吧！”

当会议正在紧锣密鼓地进行时，你也许会在心里暗想：“什么时候会议才能结束啊？我还要去超市采购呢！我先想好买什么，再想发言内容！”

……

你瞧！在单位，你好像脱节了一样，不知道完成分内的工作，不知道为上司分忧，不知道为公司的未来着想。如果以上情况正好是你的话，那么请你扪心自问：我的工作什么时候才能完成？

提升效率的关键就是行动，因此不要再给自己编造理由了，说服自己尽快加入到工作的行列中来吧！不要再被“一会儿再做……”“等一下再说……”等托词拖累降低你的工作效率了。试着行动起来，时刻用“我马上投入到工作中来”提醒自己，唯有如此，我们才能提升个人的工作效率。

第三步：调快你的时钟。

请调快你的时钟，五分钟已经足够。试想一下这样的场景：

当大家匆匆来到办公室准备开电脑的时候，你已经打开工作文档开始一天的工作，办公室充斥着一种紧迫感，而唯有你这一天的工作仿佛都被优越感所充满，工作心情真好，做起事情来也仿佛有如神助；

开会前五分钟你已经到达会议室，开始整理会议思路以及准备发言内容，这样做不但会让你在开会的时候更加游刃有余，还会令你的领导对你有一个更加良好的印象；

你和某位同事同时面临晋升考核，上司将一份潜在客户的合作意向发给你们，让你们在一个小时之内完成方案策划，时间紧迫，你却先于对手上交企划案，怎么能够不成功？

……

千万不要小瞧这短短的五分钟，这短短的五分钟可以让你先于他人，它给予你的不单单是一个提前的助跑机会，更是你摆脱拖延、管理时间的有效途径。

第四步：开门见山。

效率意味着迅速出击，工作中最缺乏这种素质。人们常说：职场的竞争非常激烈，稍有不慎便与成功失之交臂。因此很多时候，当面临挑战和竞争的时候，我们经常会犹豫不决，甚至在阐述自己观点的时候，并没有直抒胸臆，取而代之的却是拐弯抹角。

很多人认为含蓄很温和，可以给上司留下好的印象，但其实过于委婉很可能给领导留下一个温吞、迟钝，甚至是被动的印象，他甚至会怀疑你的个人能力。这个时候，你需要的就是开门见山地陈述自己的观点或者开始行动，这种行为在领导看来就是一种自信的表现，开门见山会让你赢得主动权，抢占先机，怎么可能不提升你的工作效率？

第五步:按部就班。

无论你从事何种工作,你总会遇到喜欢完成的任务和不喜欢做的工作,这很正常。但是有的人不论是否喜欢自己的工作,都会全身心地投入到工作当中,努力克服自己内心的障碍,完成工作得到多一份的经验。而有的人面对不喜欢的工作时会选择逃避甚至是拖延,对工作产生抵触情绪,工作效率自然会降低。

面对此种情况,我们需要做的就是按部就班地去工作。只要接到任务,不论喜欢与否,都要根据任务的“轻重缓急”来分析,并且为它设定最终完成期限,以便在规定的时间内,以最完美的状态完成它。切忌敷衍了事,不但会影响你的个人成效,还会给领导留下“懒惰”的印象。

在我们的工作中,有很多制约我们效率的因素隐藏在完成任务的过程中,有诸如了解不充分、准备不充分等客观的因素,也有拖延和懒惰这样的心理原因。这个时候,我们一定要行动起来,用自己的实际行动去提升我们的工作效率!

5. 忙在点子上,高效才能“不折腾”

很多公司用“天道酬勤”来激励员工,这个词汇也常常在我们疲累的时候给予我们精神上的支撑,从小到大我们也被灌输这样的教育:只要努力就会成功!只要付出总会有回报!

秉承这个理念,我们每天都在忙碌中度过。但是我们在拼命工作的时候,却丧失了“效率意识”,不计效率的平常工作是一种愚昧的努力,这是对你取得成功的阻碍。

我们知道“效率就是生命”,效率是关乎个人事业成功与否的重要衡量因素，高效率可以帮助我们迅速解决问题、完成手上的工作，高效率更是实现自我价值、缔造成功事业的基础。站在企业的角度来分析，效率是企业管理与经营的核心所在，是实现企业盈利的不二法则。因此，"效率"这两个字对于劳资双方来说，都非常重要。

但是在当今职场，新近衍生出这样一个族群——瞎忙组，他们时时刻刻都是一副忙碌的身影，从上班忙到下班，休息时间特别少，仿佛他们是被"休息"遗忘在角落一样。说他们忙碌，可是他们"职场成绩"却平淡无奇，毫无建树可言。

"瞎忙族"的弊端便是被"忙碌"所蒙蔽，每天从事的工作都是无用功。一言以蔽之，那便是"瞎忙族"根本匮乏"效率意识"，忙却没有忙到点子上。

做事缺乏效率和方法，等待他们的结果只有五个字——费力不讨好，这种人可谓是职场上的"愚"人，而聪明的人会怎么做呢？

退休前，他是尉氏县公安局局长，在职期间为百姓谋福利；他，更是省劳动模范，带领群众走上致富之路，他就是朱金喜。

退休后的朱金喜本来可以拿着退休金享受美好且安逸的城市生活，可是他就是个闲不住的人。人家退休他也退休，可是他却退而不休，在那片荒滩地上，一心誓为群众开辟一条致富门路。

朱金喜常常以"共产党员"来约束自己，他说自己是党员、是模范、是标杆，更是榜样！咱们党员的首要任务不就是带领群众致富吗？为了带领群众致富，朱金喜并没有"全面撒网"，而是打通阻碍当地居民不便的关键之处，他自掏腰包为大家把路修宽、架好电线，并且建厂和沼气池，大大改善了当地居民的居住条件。

在此基础上，朱金喜还利用起乡里刺槐丛生的荒滩地，建造20多个养猪场，使更多的农户富起来，短短几年间，每户农户的年均收入就逼近10万元。

为了让更多的农民实实在在拿到工资，有自己的"活计"，朱金喜从源头做起，通过努力将河南雏鹰集团尉氏分公司种猪饲养基地引进到这块荒滩地上，项目总投资竟高达4.3亿元。现如今，占地3000多亩、整个豫东地区最大的标准化种猪繁育基地正在紧锣密鼓地建设中。全部建成投产之后，预计可带动5万余户群众养猪致富，年增加收入超过20亿元。

当然，在这条光荣之路上行走的过程中，不免有阴云。2009年，朱金喜的儿子身染重疾，唯有到天津救治方有机会转危为安。可此时此刻的朱金喜却还在为村里的大事小情奔波劳累，根本没有时间陪着自己的骨肉。当儿子踏上去天津的医治之路时，他对儿子说道："儿子，你知道我们的群众太苦了，这次我不能陪你去就是为了让群众富起来，你别怨我好吗？"不幸的是，2012年年初，儿子宝贵的生命还是被无情的病魔夺去，朱金喜从外地引资之后直奔天津，医院已经放弃治疗。落叶归根，返回尉氏县的路上朱金喜紧紧攥着儿子的手，眼看着年近30多岁的儿子静静离去，留给他的只有无尽的伤悲和愧疚。

虽然劳模朱金喜不能忠爱两全，但是为了群众，他付出了自己的所有精力。在为群众致富这条大路上奔波的过程中，朱金喜能够做到"擒贼先擒王"，他总能找到事情的关键所在，予以解决，一蹴而就，事半功倍。朱金喜就是我们所说的"聪明人"，用最节省的时间完成自己的目标。

无论做什么样的工作，"聪明人"总是选择最具效率的一条途径，做起事情来既不浪费时间，又能找到"点子"上。而那种"瞎忙族"却恰恰相反，总是付出很大的精力和很多的时间，得到的却是微不足道的回报，得不偿失。

在职场上，最优秀的"聪明人"总是那些重视效率，并且善于寻找方法试图提高工作效率，而且主动去做的人。而这些主动找方法去提高工作效率的"聪明人"，也是社会上的"稀有资源"，是各大公司竞相竞争的焦点。不论是国内还是国外，也不论是现在还是将来，这样的人总是像温暖的太阳一样，受到大家的欢迎。

当你试着让自己摆脱"瞎忙"的状态之后，你会发现，机会也会眷顾你！这样的人，也总会被"机会"所眷顾，即便没有主动去追逐机会的脚步，机会也会敲开这些人的大门。没错，就是这样幸运！我们身处在这个竞争愈发激烈的现代社会之中，生活节奏变化之快令人咋舌，你不去适应社会就会被社会所淘汰，难道你想让自己活在碌碌无为之中吗？如果你放任自己，只会让你活得越来越压抑，渐渐闭塞在自己狭小的空间之中，这是一个恶性循环。

让我们回想自己近一周的工作状态是不是这样的？踏入办公室的大门，坐下来之后，仿佛就被烦琐的工作所绑缚？翻开日程表，上面密密麻麻地记录着今天的行程？按部就班地按照行程上的工作，一项项解决它们。下班铃声响起，累了一天的你发现这一天既没有对上个月的工作进行总结，也没有规划下个季度的工作，上司安排的方案还没有动笔写，所负责的培训制度也没有结稿……你不禁自问：这一天我干什么了？

如果你常有这样的感觉，那么只能说明你已趋于“瞎忙族”了。“瞎忙族”源于我们给自己过多的负重，额外地给予自己一些不必要的工作。表面上我们总是呈现忙碌的工作状态，但是仔细分析便不难发现：我们正是深陷“为了忙碌而忙碌”的沼泽！难道你还想被琐碎的日程所折磨？还想继续忍受下去吗？工作还是一团糟？想要扭转这个局面，请试着这样开始：摒弃那些无谓的忙碌，给自己多一点时间。

诚然，在职场上我们也会发现跟“勤劳的奋斗者”不同的便是那些“懒惰的成功者”，他们并不整日埋头在工作中，却能得到比勤奋付出的人更多的物质享受。这是为什么呢？面对琐碎工作时，不要再像以往那样机械性地应对，试着将日程表上一些无谓的忙碌工作摒弃，这样一来不但使你脱离“高量低效”的工作状态，当你的神经得到放松之后再上路，还会创造出更大的效益。当然，我们建议有效率的工作并不是让你真正懒惰，勤奋也是成功的左膀右臂。

我们知道，努力就会成功，成功需要勤奋。努力和勤奋可以帮助我们从工作中获得更多，职位的晋升、生活水平的提高、人生价值和定位更加高端等等。

“勤奋的劳动者”并没有找到事情的诀窍，而“懒惰的成功者”却轻而易举地找到事情的“点子”，并付诸行动去解决。在两者之间你选择什么？如果你想成为成功人士，那么试着忙到点子上，更有效率地工作，成功正在不远处向你招手！

6. 提高效率要做好细节

我们生活的这个时代是最美好的时代，它赋予我们更多的机会和物质精神文明。但这个时代也是最糟糕的时代，它发展极快，竞争激烈。身处在当今这个发展迅速并且处处充满挑战的时代，如果不能步步为营，势必会被时代所淘汰。

提高工作效率是我们屹立现代社会的法宝，只有提高效率才能创造更大的效益，产生更多的财富，实现更大的自我价值。我们已经知道高效在工作中的重要性，也对提高效率有了一定的认识，那么在提升效率的过程中应该做好哪些细节呢？

每当人们看到企业会议室内悬挂的锦旗、奖状，无不赞叹不已且油然而生敬仰之情。沈阳市劳动模范、优秀企业家、优秀人大代表、辽宁雪松医药连锁有限公司董事长姜成却在用低调见证他的事迹，他的企业得到社会的认可，他的人格同样得到大家的尊重。他用自己最大的努力帮助需要帮助之人，为促进社会和谐贡献自己应有的力量。

1999 年姜成创建第一家雪松大药房时，手中的流动资金仅仅两万元。因资金匮乏举步维艰，他每天乘坐公交车上货，每天往返于店面和医药公司间，凌晨便去上货，回来带着员工铺货、销售直至关店，他几乎把家安在了药店。他没有节假日，几个月都回不了一次家。因他的勤奋工作，雪松药房迅猛发展。在政府的支持和朋友们的帮助下，他于 2006 年又成立了辽宁雪松医药连锁有限公司。

当选人大代表后的姜成积极为百姓代言、为政府献策，积极参加人大组织的各项活动。会议时他认真学习会议精神；考察时他细心观察，发现问题，提出解决办法。两年来他先后提出"关于在苏家屯区增设一元公交的建议""增加交警编制，加强路面交警警力的建议""关于禁止未成年人进网吧的建议""关于加强养犬管制的建议""关于解决供暖问题的建议""加强窗口及其上级部门办事质量和效率的建议""关于用水、用电问题的建议""关于物价、房价的民生问题的建议"等。正是热爱自己的工作，在走访的过程中明确自己的目的，才促使姜成多年来提出百余条事关民生的建议，均得到政府相关部门的重视和解决。他提出"关于扩建皇姑区和信朝鲜族小学教学楼的建议"，并一直给予关注，多次考察走访，积极联系教育部门，目前市教育局用于开工扩建和信小学专项资金1700余万元已经落实，和信小学扩建已经动工，为民族教育事业发展做出贡献，为百姓带来真正的实惠。

第一，要真正热爱自己的工作。人们常说"做一行爱一行"，这句话虽然是一句俗语，但是如果不喜欢自己的工作，那么势必会产生一种抵触的情绪，更有甚者会对目前的工作产生反感，那么我们一定会在工作中频出纰漏，做不好这份工作。如果你认为自己所从事的工作索然无味，那么你永远打不起精神，更遑论完美地完成它？

因此，无论是谁，只要我们每个人对自己的工作产生满意，才会创造更多的价值，不致产生低效。我们应该赋予工作一种力量，才能控制自我的情绪，用最短的时间去征服它。

第二，我们应该制订工作计划。无论从事何种工作，只有制订计划，才会在工作的时候明确工作目标、工作条理和工作顺序，确保工作的流畅性。这样一来，才会避免浪费时间，保证工作高效。

第三，规划好个人时间。成功的人一定不会放任自己的时间浪费，只有规划好每天的八小时，才能有效地工作。在这里需要注意的是，一定要了解自己需要处理的事务的轻重缓急，比如该项工作重要吗？需要什么样的效果？多问自己为什么、什么样，你便能真正做到有条不紊地处理工作，并且节省时间，保证效率。

第四，团队合作。“你并不是一个人在战斗！”成功是需要一个团队精诚合作的，没有孤胆英雄。在团队中，只有明确分工、明晰彼此之间的作用和功能，彼此之间才能够精诚合作，才能提升整个团队的工作效率。在团队合作的过程中，大家一定要发挥自身最大的光和热，以达到高效工作的目的。

第五，明确你的目标。很多人不是不会做事，只是不了解自己的努力为了什么，换言之没有目标。其实仅仅需要花费几秒钟的时间，便可明晰你的目的。试着这样激励自己：我现在的工作是为了什么？我怎么做才能更加迅速地完成它？怎样能让它更完美地得到处理？如果要“完成”这个目标，我要付出何种努力？我现在所做的事距离我的目标还有多大的差距？究竟应该怎样完成，才能收获更多？

当每做一件事之前，脑海中能够形成这样几个问题，那么你一定会在实际行动中赋予更多的心思和技巧，以达到节省时间，迅速完成任务的决心，效率自然而然便会得到提升。

第六，明确结束时间。据心理学家分析，拖延症患者的一个共性就是“节点效应”，即时间没到最后一秒，我不会行动。回想一下在工作的时候，你是否也产生过这样的心理？如果你的截止时间在一分一秒地拖延，那么你势必要浪费更多的时间。需要注意的细节是，一旦你不知道自己的节点在哪里，那么你便不能够全力以赴地工作。相反，只有了解自己的“期限”在什么时候，你才能集中精力，迅速完成工作。

第七，避免分散注意力。在工作中你是否有这样的经历？

正在思考一个广告语被一个电话打断，挂了电话再不能继续；

正在起草一份活动计划，被通知开会，会议结束思路已经被打断；

查看回复邮件，突然蹦出一个页面，原来是推销课程的，了解一下课程之后便忘记初衷了；

正在整理会议记录，可是同事询问某项事，回答完同事问题已经忘记开会说什么了；

……

类似这样分散注意力的小插曲，相信经常会出现在你的工作中吧！这些小事不起眼，但是会大大降低我们的工作效率，浪费我们的时间。想要避免它们的侵扰，建议您试着关掉手机、关闭网络……努力排除一切可能干扰到你工作的外在因素，这样你才可以集中注意力专心工作。

第八，切忌多线工作。身处职场，很多时候要在一个时间限制内完成多项事务，很多人的做法是多线工作，务必在结束的时候将这些工作完成，但事实往往得不偿失。这是为什么呢？当你的注意力不集中的时候，很难完成其中每一个事务。需要注意的细节是：集中注意力做一件事。因为，集中注意力一件件地完成事务，远比你分心工作完成二十项事务迅速。

第九，劳逸结合。忙碌了两个小时，感觉头脑都快缺氧了，这个时候切忌继续工作，试着轻松一下。不要偏激地认为这是在浪费时间，有句话说得好：休息是为了继续前进。这是一种劳逸结合的方法，试着让自己的思维暂停运转，只需短短十分钟，便可更加集中精力完成其余工作。

第十，在原有的计划表上创新。只有创新才能在更迭的社会变迁中，继续立于不败之地。工作中亦是如此，在工作中不要囿于一张计划表，尝试着从不同的角度来完成这项工作。通过不断地变换，你才能找到更迅速、更有效处理事务的方式，这是一个提高效率的细节。

7. 工作效率决定个人成败

有人说：“那些所谓的成功人士，无非是把时间和精力用对地方了而已！”简单的一句话为我们揭示了成功的精髓所在，而我们知道，时间和精力的双效统一，构成了高效率。比尔·盖茨也曾表示：“效率是成功的第一要素！”因此，说工作效率决定个人的成败，试想不会有人反对吧！

曾在西点军校进修的卡特·布赖恩说过：“在我的职场生涯，最重要的只有一点，那就是提高效率。”效率，是西点军校对在校学员的第一及首要要求，在这里所有的学员从进校的第一天起就被要求：时刻以“效率”来安排自己的人生。对于我们来说，身处在更新速度极快的社会当中，只有紧跟时代脉搏才不致落伍。那么怎样才能紧跟时代的脚步呢？答案很简单，只有两个字——效率。

无论你从事的是何种职业，一旦身处职场，若想要有一番大作为，就意味着我们必须拥有极高的效率，也只有高效的人才能获得老板的青睐、赢得更多更好的就业发展机会，从而拥有成功。相反的，那些能力过人却效率低下的人，他们也不可能得到机会和成果的眷顾。

全国劳模张永洁今年38岁，但是他已经获得包括宝钢集团公司十佳智能型员工、宝钢银牛奖、常州市劳模、江苏省五一劳动奖章获得者、全国机械行业劳动模范、全国劳动模范在内等荣誉。很多人眼热张永洁所获得的荣誉，认为他只是一名普通学徒工，怎么能获得这么高的荣誉？其实支撑他快速成长的关键只有三个字——高效率。

1995年，张永洁从技校毕业进入宝菱重工，就被安排在大型龙门铣床上当操作工。16年的一线工作经验，张永洁将公司的机械加工技术达到新高度，为公司的发展做出了自己的贡献。张永洁一直秉承“爱岗敬业，无私奉献”的工作要求，拥有这样一颗强烈的责任心，他在工作岗位的每分每秒都是以公司利益为重。

在工作过程中，张永洁发现现有工具的一些弊病，刀具成本高不说，使用起来还会大量浪费操作者的时间和精力。因此为了提高刀具的工作效率，张永洁主动联手制造商对相关刀具进行研发。在大家共同努力下，研发出的新刀具不止价格只是国外同类产品的四分之一，还大大节省了刀具成本，在操作的过程中还满足了工件高速加工的要求，最重要的是产品加工的质量也得到了大幅度的提升。

熟悉张永洁的工友都知道，张永洁是提高效率的能手。他从2012年开始担任冷加工技术推进中心的副主任，自那以后他便成为公司CNC化加工的推进者，在他的努力下，典型零件效率提高了30%以上，典型机台CNC化率达到60%以上。

通过张永洁一件件事迹，不难发现，提高工具的生产效率和自己的工作效率是张永洁的工作要旨。他常说：“虽然我们提升的仅是一些小工具的效率，但是我们提高的却是整个车间的效率、整个工作的效率。”听完他的话，谁都不能否认效率在工作中的重要意义。

从张永洁的亲身经历中我们了解到，只有提高自己的工作效率才能在职场中提升一个高度，为自己带来更多的收获。换句话说，在工作中讲求效率是一种工作态度，这种态度彰显的正是工作者的斗志。效率也是员工放在首要地位的因素，作为一名工作者，只有合理有效地安排工作进度，才能找准工作的节奏和步伐。

有的人成功靠实力，内在知识的迸发便能轻而易举地得到业界的肯定和物质的富裕。而有的人却因为种种原因，不能那么简单地拥有成功，这个时候想要成功或者进一步言之，假若你想要比他人更加成功，只有一个办法——高效地工作。在这里，“高效地工作”并不是让你快，而是要有效，何谓“有效”？“快”只是速度，在这里，我们拼的还有“质量”！也就是说，在工作中，我们不仅仅要快，而且要有质量，这才是效率的真谛。

在衡量质量的这个层面上，分为以下三个阶段：差强人意——优于预期——完美无缺，“差强人意”是指只是单纯地完成了这项工作，没有令人可圈可点的地方；“优于预期”是说比想象得略高一筹，但是也不过如此；若想迅速地脱颖而出，就需要把一件事情做到“完美无缺”，结果让人眼前一亮，对完成者刮目相看。

在营销活动中有一个这样的理论：你想要钓鱼，就必须像鱼一样去思考。这个理论强调的正是“换位思考”的重要意义。试想如果你是一位决策者或者是领导人，你更加乐于见到何种结果？需要哪种人才？

答案只有一个，也必须只有一个，那便是第三种，在相同的时间周期内，把事情做到“完美无缺”便是高效率的体现，更是获得青睐和机会的捷径。做经理也好、专员也罢，高层也好、低层工作人员也罢，在工作中唯有调动起你全身的每一个细胞，全身心地投入到工作中，才能创造业绩，进一步获得最大的收益与回报。

很多人疑惑，“工作高效率”的核心问题是什么？在我们接手并且开展一项工作之前，我们首先要考虑的问题应该是用哪种最简单，省力、省时，却得到最大的成效？用八个字来总结我们工作的核心问题更能说明问题：在职场上，你要的是事半功倍，还是事倍功半？

接到上司派发的任务之时，如果你的手头上没有其他需要去完成的工作，那么你应该立即着手去进行刚刚接到的这项工作，尽自己的全力在上司给予你的最后期限内完成该项工作，试着给自己多留一些弹性空间。要知道，在上司规定的期限内完成自己的工作，是将时间与任务最佳的结合方式。“效率”这两个字永远是员工在职场必须要考虑的首要问题，究其原因很浅显，一个没有效率的员工，怎么会为公司产生效益？没有效益可言，必将失去上司的信任和重视，更何谈成功？

在人生的漫漫长河中，我们会遇到坎坷和荆棘，但也有机遇、梦想与成功，相信所有人都不会乐见自己处在人生低谷碌碌无为，过着贴近地平线的生活。也不会有人不希望自己的人生得到更多的历练，创造更多的人生价值，拥有缤纷的色彩。

但是有的人单单只有想法却望而却步，不曾迈出实现成功的第一步。他们对待工作没有见地，毫无时间观念，抱着“在期限之前完成即可”，却不曾设想抢在限期的前面完成工作，为公司创造更多的效益，这样何来效率？何来成功？

民间有一句话很是流行：人生没有等出来的成功，只有走出来的辉煌。职场上的你我，“等”是等不来机会和成功的，只有在有限的时间内创造出无限的效益才能缔造辉煌。请永远相信：成功，只能靠努力。努力，只能靠效率！

8. 专心是提高效率的最佳方法

美国《财富》杂志曾报道过这样一种理论：很多人认为股神沃伦·巴菲特能够取得如此大的成就，其原因在于他有过人的天赋。但是经研究发现，一个人的天赋并不是他能否成为伟大人物的重要条件。想要成就一番事业，最重要的是坚持不懈的努力。在现代职场，有的人因为知识储备不足以支撑自己的工作能力而失败，也有的人因为个人能力不足在职场略显吃力，但是有很多人的不成功是因为不专心。专心是提高工作效率的最佳途径和方法，这毋庸置疑。

专心致志是优秀员工表现出的工作态度，没有专注就不可能有成功。"专心"意味着你要集自身所有的精力于一点，一心一意地坚持自己的目标和工作，不被任何事情所干扰，胸怀"不达目标誓不罢休"。

专注于自己的工作，把自己的工作做到最好，就是要求自己把注意力完全集中到工作上来，专心致志，心无旁骛，而要做到这一点必须要有发自内心的积极主动的工作热情。只有把这种内心的热情和专注的工作态度结合在一起，才可能产生强大的执行力，才能出色地完成工作。员工积极的工作热情是催生员工强大执行力的动力，而专注的工作态度则是使员工突破工作障碍，取得工作成绩的关键。

陈民是省劳模、陕西省物资再生利用总公司资产管理科科长兼安全办公室主任，他今年 44 岁，他们科现有 8 名职工，除了两个比他年龄小点外，其余都比他大，所以科里大大小小的事情他都要多干点，像抢修水管、装修办公室、家属院维修管理等等这些事情他都要亲自出马。

当记者采访他的时候，陈民第一句话说的就是："我的工作很简单，就是为职工服务。”朴实的话语却诠释了他对工作的理解。

省物资再生利用公司成立于2008年。当时正是物产集团系统企业集中改制时期，系统企业从最初的50多家改制合并重组成为目前的十几家，省物资再生利用总公司接收合并重组了集团系统内34家企业，接收管理服务1500多名职工。为了积极配合这34家企业的合并重组，他认真制定资产移交接收管理方案和移交工作程序，以饱满的热情、耐心细致的工作作风，按照合并企业申报表逐一造册登记、审核、分类，做好合并企业资产移交管理，以优异的成绩保证了系统企业改制工作的顺利进行。

“咱干的就是这事，就得一心一意地为职工服务好！”这是陈民的心里话。目前，他们资产管理科管理着公司17处门面房、23处职工住宅区，包括44幢住宅楼。为了保证门面房租赁户的正常办公经营，他从强化管理入手，从办公楼做起，在管理中强化客户的需求就是工作的重心，为此，陈民专门制订了完备的服务管理规范以及设施设备的维护、保养计划和后勤物业突发事故应急方案。经过他的努力，公司资产经营收入稳步提高，房屋出租率达到100%，为缓解公司的资金紧张局面起了重要作用。

合并企业的500余套职工住宅房改办证，是一项惠及职工的“民生工程”，工作量大、程序复杂。陈民排除各种困难，积极为职工办实事，先后完成了习武园等8处家属院的房改工作，为396户职工办理了房产证，收回房改资金555万元。当职工领到房产证后，纷纷向总公司送来感谢信，对陈民为职工办实事的做法大加赞赏。

从陈民的案例中，我们不难发现，只要专心致志地去做一件事，这件事一定会带给你成功的喜悦。陈民是有强烈责任心的好劳模，除了责任心，他的成功离不开专心。这就是专注的力量，聚所有的精力于一点，聚所有的能量于一处。同样，想达成我们心中的梦想，最好的办法就是将我们的全部身心集中于一点，才能事半功倍，提高工作效率，快速达成自己的目标。

很多身处现代职场的朋友，在工作中往往会受到外界的干扰，同事间的八卦、业界的趣闻、商场的打折……均会影响到工作效率。其实想要在自己的工作岗位上做出成绩，大家首先要做的就是——专注你的工作，否则的话你将一事无成。而且你的成绩与专注的程度是成正比的，换句话说，你越是专注于自己的工作，你的成效就会越大，你的发展也会越好。专心致志，更是提升自我价值的有效途径。

这个世界是很公平的，没有人天生就该成功，也没有人永远处在下峰，能力得不到彰显。成功的人和普通的人没什么区别，"天道酬勤"，只要付出就会有回报。

无论你是身居公司要职的高层，还是职场新人、蚁族，都应该试着用心去做一件事情，这样才能把事情引导到良性发展的一面，呈现好的态势。在这个过程中，你也会发现你的价值在彰显。

相信如果你是一家公司的老板，也不想见到那些不专心工作的员工尸位素餐吧！换言之，在职场中获得生存和发展的基础，正是你能否专心工作，为企业贡献自己的一份力量。如果你贡献了自己的一份力量，这份力量对你所在公司的推动作用越大，你收获得就会越多。

不知道你有没有这样的经历，当你集中精力专心处理一项事务的时候，仿佛有无限个灵感、方案充斥在你的大脑中，你的潜能仿佛被挖掘。我们每个人都有自己的岗位，只有致力于自己的岗位，专注地工作，才能够把工作做得更好，使自己的特长变得更专业。专注是一种巨大的潜在内驱力，即便你只是一个普通人，但只要你有一种专注的定力，便可以获得巨大的成功。其实，这正是专注带给我们的福音。专注是忠诚敬业的员工应有的品质，同样专注也是忠诚的员工优秀的根源所在。

在这里需要注意的是，我们每个人的精力是有限的，我们穷其一生也不可能将所有的事情都做完。想要实现自我价值，就必须有所舍弃，将时间给那些重要的事情，集中精力专注于最重要的事，才能更有效地使用你的精力。

除了挖掘你自身的潜能，专注还能赐予你力量，当你专心致志，周围所有可以利用的资源都会为你所用，你深感事半功倍，你美好的愿景马上就会实现。

其实，专注和效率就像一对孪生兄弟，能够在工作中做到专注的员工，往往有着较高的工作效率。对那些在工作中整天忙碌而效能低下的员工来说，专注是提高他们工作效率的重要方法。同时，按工作重要性进行排序，把工作尽量简化也是专注的要求，只要按照这些要求去做，就会在无形中提高自己的工作效率。

第六章

勤于思考：拆掉思维里的墙，就能少流汗水多出成果

任何一个公司都希望自己的员工在工作中勤于思考，这是完成工作计划中非常重要的一环。在企业中善于思考，勤于思考的员工，总是能够在工作前思考周详，也能够保证顺利地完成工作。如果不善于思考，只是在接到工作任务后简单地执行，当遇到不可预期的困难时，就很难顺利完成任务。不要做“无心的懒人”，在工作中积极动脑，为企业多做贡献，你就会发现工作中的很多乐趣，升职加薪的机会也会接踵而至。

1.

成功需要实干，更需要巧干

成功是什么？成功是我们迸发自我价值。

怎么样能成功？专业的知识架构、无所畏惧的勇气和无往不利的做事风格。

成功需要什么样的努力方向？成功需要实干，更需要巧干。

什么是“实干”？一步一个脚印，踏踏实实地工作即为实干。

万向集团的鲁冠球说：“企业的发展，不在于你拥有多少人，关键在于你能不能去经营人才。既然要将事情做好，为什么不选择放心的人呢？”他所说的“放心的人”正是做事有实干风格的员工。实干意味着纪律性、规划性和务实性，虽然结果是两性的，但是实干也存在一些弊端，比如效率低下、不够灵活等。这个时候，能够弥补实干的，便是“巧干”了。

杜强是辽宁沈阳市第四十三中学的校长，在教学的过程中她一直强调“实干与巧干”两条腿走路，成就了一条卓越之路。先后获得辽宁三八红旗手、优秀德育工作者、沈阳市劳动模范、优秀校长等荣誉。

在办学过程中，杜强始终坚持“以人为本，和谐发展”的教育理念，树立“追求卓越，弘毅致强”的办学精神，创设“开拓创新，敢为人先”的工作氛围，以建设和谐学校为重点，以德育工作为主线，以教学改革为中心，以科研促教研为特色，大力推进素质教育。中考成绩连年攀升，名列全市前茅。

工作中，她注重校园环境的硬件建设，以优美典雅环境育人；她注重校长的示范作用，早来晚走以校为家；她注重校园文化的创新发展，师德高尚书香润心。工作中她吃苦在前，享受在后，名利面前不伸手；忠于职守、秉公办事，权力背后不谋私；为人正直，廉洁奉公。

在管理中，她并没有一味地强调教师的“分数”和“升学率”，而是巧妙地坚持“三分管理七分情”的工作原则，视教师如兄妹，视学生如子女，她在教师成长、生活上千方百计、竭尽全力给他们关怀、温暖。婚丧嫁娶她到场；节日礼品她精心挑选。关心教职工生活，想尽办法提高教师的福利待遇，年年组织教职工体检、妇检、旅游等，使教职工倍感家庭般的温暖。她组织实施的“名师风采展示”系列活动，在为教师搭建展示才能和专业成长舞台的同时，还使教学工作有了新的起色，“全国初中名校改革与创新示范校”称号的获得是最有力的证明。她带领师生不断深化教育改革，积极发展办学特色，努力开拓名校发展的新途径、新内涵、新优势，使学校始终处于高位运行的良好发展态势，学校综合办学实力、整体办学水平、社会影响力得到了大幅提升。学校获得全国文明单位等称号。

在大多数人的认知中，一所好的学校一定得是务实的，用“升学率”来说话，但是有的时候，好的愿景并不等于好的成绩，毕竟成功需要实干，也需要巧干啊！好像案例中的杜强一样，以“情”待人，巧妙地将自己和师生间的关系拉近，于人、于校、于己都带来了良性的发展和成功。

在我们的工作单位里，有很多“心动却不行动的人”，他们有灵感和点子，却不付诸行动，这种人缺乏的正是务实的精神。想要在职场上有所发展，必须实干起来。而有的人思维不甚灵活，做事不讲方法，只知一味地蛮干，因此才得不到成功的眷顾。要知道在这个时候巧干才能迅速地脱颖而出，而创新是巧干的基础。

众所周知，现在的社会竞争日益激烈，想要在公司生存和发展，我们必须学会创新，只有创新才能增强自我竞争力，永远屹立于公司或者整个行业。要在这种社会求生存、求发展，就必须不断创新，凡事巧干。那么何谓“巧干”？

简而言之，“巧干”有三个层面的判定方向，分别是是否会分析判断、能否会发明创造和是否有解决问题的能力。在知识经济时代，“巧干”略高于他人。一个人可以没有金钱和地位，但是如果一个人没有梦想，那是可怕的。姜太公有一句“宁在直中取，莫在曲中求”见证了“愚者上钩”的奇迹，“直中取”的效率要远快于“曲中求”。单单从字面上来分析，“实干”就像是“曲中求”，虽然有计划，但是效率稍慢；而“直中取”类似“巧干”，效率非常高。在工作中，你更倾向于“直中取”还是“曲中求”呢？在工作中，你是不是能找到一个更简单、迅速的方法呢？

相比较而言，“实干”更像是一种工作精神，我们时刻要充满责任心而且踏实地去对待每一份工作，而“巧干”却是我们每个人所具备的自然属性与内在潜能。有很多人将“实干”和“巧干”视作两个极端，但事实上两者既辩证又统一，实干是巧干的基础，巧干是实干得出的真知。无论你从事的是何种工作，只有你实实在在的付出，才能获得实实在在的回报，这是实干。

成功不仅需要干得踏实，还要干得巧妙。只有在实干的基础上学会巧干，才能让自己的工作获得成效。在这里有一个误区，很多人将“巧干”视作“投机取巧”，其实这是一种误解。“巧干”并非投机取巧，因为“实干”和“巧干”是辩证统一的观点，因此任何在工作中懂得巧干的员工都是以实干为基础的，他们十分努力，知道自己的目的是什么，并且了解自己在公司所扮演的角色，因此常常在个人的岗位上出类拔萃。那么我们怎样才能在自己的工作岗位上巧干呢？

首先，我们要会做事。

世界上所有的领导都希望自己的下属在工作中能“干得好，干得巧”，即做事认真、牢靠、勤快，却又讲方法，效率高。但事实上，真正能符合老板要求的员工少之又少，退一万步讲，也许领导本人都不会这样的工作。那么什么叫“会做事”呢？就是要求我们在工作的时候要认真地去做，但是也不能忽略了细节，要多思考，才能有更多的收获。

其次，我们要了解领导的要求。

理解领导的要求是确定工作目标的诀窍，试想一下，面对领导下发的一个工作，如果你不了解领导的要求，那么你很可能在工作的时候没有章法可循，很容易将工作搞砸。失去上司的信任，并且失去更长远的职业发展。我们总说“忙要忙到点子上”，在工作中一定要知道老板的要求，才能为你处理好工作提供良好的帮助。

最后，要学会御风而行。

“御风而行”可谓是“巧干”的诀窍所在，即更为节省时间、创造效率的工作方法。“御风而行”有两个层面的含义，一是借助你的老板，当对工作不明就里的时候可以借助上司的思维来完成工作；二是借助同事的力量，当工作中遭遇小问题面临停顿的时候，可以与部门的其他员工多沟通，以找到实现工作通关的目的。

综上所述，只有在努力工作的基础上更加灵活地驾驭工作，才能为成功上一个“双保险”。“实干”锻炼的是你的体力，而“巧干”需要你的智慧。成功需要实干，更需要巧干！

2. 善于听取大家的意见，不要陷入思维的“僵局”中

古语有言：“三人行，必有我师焉。”建议我们要虚怀若谷地向他人学习。而俗语也说：“三个臭皮匠，胜过一个诸葛亮。”劝慰大家要善于听取他人的意见。无论你处在人生的何种阶段，也无论你所从事何种职业，善于听取他人的意见总是对自己有帮助的。这是为什么呢？

身处竞争激烈的职场，如果我们一味地囿于自己的思维当中，难免有故步自封之嫌，何来进步？每当此时，唯有多请教他人、听取他人的意见，才能进步并且得到提升。在请教别人的过程中不要害羞与自卑，也不能因为对方身份高低而望而却步。听取他人的意见，才能使自己永远立于不败之地。

淮北矿业集团朔里矿机电科职工杨杰是一位专业技术具有世界前沿水平的朴实的工人，他负责、好学，并且把学习当作一件快乐的事去做。

每天晨练之后，杨杰就会步行赶往3公里外的煤矿上班。班前会是他每天必须参加的，班前会上，他总会向当班的工人讲解井下、地面作业时的注意事项，提醒工友时刻注意身边的安全。班前会过后，一些即将参加技术比武的职工，总会围绕着他，问问有关技术上的业务和考场上的细节，杨杰总会毫不保留地全部“托盘而出”，这个时候工友们听得特别仔细、特别认真。杨杰就是这样，在机电科，一步步地成长起来，全国劳动模范、全国五一劳动奖章、国家级技能大师、中国高技能人才楷模、全国自学成才十佳标兵等一个个荣誉也是在这里获得的。

在皖北地区煤矿机电行业，杨杰名声远扬。周边的技术学校、厂矿兄弟单位纷纷聘请他去传经送宝，只要不发生时间上的冲突，他很乐意接受。他把多年积累的实践经验，精心提炼，编写成册，印发给同事学习，还在集团公司网站上开辟博客“杨杰e族”，建立自己的QQ群，设置科技创新成果、实用支招、工作动向等12个版块，毫无保留地传授自己的技术经验。近年来，先后为14个单位的600多人次现场讲解。

在讲课之余，杨杰想尽一切办法学习“充电”。在学习的过程中，杨杰遇到不明白的地方，就会走访厂里的前辈，向他们取经。工作之余，杨杰也会向下级的同事询问机电实用技巧。凭着勤奋好学和虚怀若谷的精神，杨杰不仅获得函授本科学历，更由一名普通工人成长为一名高级技师。20多年来，杨杰所负责的矿井提升等生产要害岗位，连续保持安全生产。他先后进行大小革新项目230多项，其中1项达到世界先进水平，2项刷新全国纪录，2项填补全国煤炭行业空白，创造经济效益达9000万元。

案例中的杨杰善于听取他人的意见，只有这样才能和别人默契地合作，使自己的业务水平得到提高。不知道你有没有听说过这样一句话“只有聆听别人意见的人，才能集大成？”

在我们的日常工作中，有太多的人喜欢掌控主动，喜欢强迫他人接受自己的意见，这是一种自信甚至是自负的表现。这种想法很自然地为自己的成长和成功设障，试想如果一个人过于自负，那么便意味着这个人并没有上升的空间。其实无论你是一个多么优秀的人，只靠你自己一个人的力量是很难成功的，毕竟一个人的精力非常有限，尤其在当今这个竞争非常激烈的社会，唯有集思广益凝集多人的智慧，才能制胜。即便你是一个“天才”，也仅能凭借自己的想象力获得一定的物质收获，个人的发展非常有限。只有与他人多交流，获得更多的经验，才能铸就更高的成就。

不知道在工作中，你是否有过以下的经历？

正在策划一个活动方案，大概的活动内容已经了解，但是我应该怎样将它们联系在一起呢？

这段主持台词，我应该怎样串，才能营造出不一样的效果呢？

工厂的文艺晚会，我想表演一个小品，但是应该找谁合作呢？

这个广告项目如果要走清新淡雅的路线，应该怎样立意呢？

……

无论你从事何种工作，很少有一往无前的时候，很多时候我们都会遇到思维上的僵局，不知道怎样进行下一步，才能继续下去并且达到完美的效果。有的人喜欢闭门造车，把自己隔离开来，自己找方法，结果往往会令自己闭目塞听，结果毫无收获。那么如果你也恰恰正处在这样的境地当中，应该怎么做呢？正确的做法应该是，试着询问他人的说法，听取他人的意见，或者能将你拽出思维泥潭之中。

俗话说得好：“当局者迷，旁观者清。”一个人的能力再大、思维再快、见识再广、眼界再宽……也有迷惑的时候，毕竟一个人是有局限性的。这个时候你最需要的就是他人的帮助和点拨。也许他人的资质未必好于你，但是往往却能看到你在思考的时候，所忽视的那个层面，给你带来如沐春风的心知。毕竟集众人的意见，很有可能产生意想不到的效果。

朱元璋因为接受“高筑墙，广积粮”的建议，从此走向成功；

李世民因为善于听取魏征的谏言，才铸就一番伟业；

……

古往今来，善于听取他人的意见总是能帮助我们提升自我。你可能很自信，认为天生“你”材必有用，一个很能干的人不需要他人的帮助，也不用听取他人的意见。自信固然好，但是你一定知道“尺有所短，寸有所长”，无论在人生何种方面，你都可以养成利用他人经验的习惯，尤其是工作。当然，你完全可以蔑视这样的机会，可是你想过吗？如果因为蔑视而导致我们失去了这样的机会，那一定是你的损失。《三国演义》里的马谡置王平的忠言于不顾，自以为“熟读兵书”，结果痛失街亭，丢掉性命。

可想而知，即便是聪明如爱因斯坦、涉猎领域之广如达·芬奇、成功如比尔·盖茨……都不能夸口说自己是完美的，遑论你我这样的普通人？相信大家一定知道这样一个自然现象：

大自然中不同的植物生长在一起，根部会自然地相互缠绕，土质才会因此改善，植物比单独生长更为茂盛；

几块砖头所能承受的压力，一定大于单块砖头承受力的总和；

一头小羊难敌狼的侵略，但是谁也不能保证一头狼能够抵得过一个羊群；

……

这无数个自然现象只能说明一个道理：全体大于部分的总和。自然如此，职场也是这样。当深陷思维僵局的时候，只有敞开胸怀、放下姿态，多向几个人寻求意见，你才能有所收获，毕竟众志成城。但是需要注意的是，不能因为能从他人的身上得到有利于自己的意见和建议，我们就放弃单独思考，这样一来我们会越来越丧失自主思考的能力，得不偿失。因此我们才需要从他人的身上汲取养分，以滋养我们以待日臻完善。与此同时，我们也并非一无是处，因此我们要相信自己。当然，人也不是万能的，换言之，我们在考虑问题的时候都会有不同的侧重点，有优势也会有欠缺，因此我们才需要集思广益，完善自己。所以，当你再一次陷入思维僵局之后，不要故步自封，试着问问身边的人，你将会收获更多！

3.

聪明者找方法，失败者找借口

凡事找方法的解决者，未来必定有取得成功的可能。

凡事找借口的推脱者，未来肯定没有取得成功的可能。

做事不找方法，事倍功半。找对方法，让我们知道如何做到最好。方法不对，成功擦肩而过；方法正确，成功唾手可得。

一般来说，那些优秀员工之所以会取得成功，最主要的原因就是：当遇到问题和困难的时候，他们总是能够主动去找方法解决问题，而不是寻找借口逃避责任、找理由为失败辩解。因为，解决问题、走出困境需要的是方法，而不是借口。

哥伦布，世界航海史上最伟大的航海家之一。他在发现了新大陆返回西班牙之后，却遭到了几位王室成员的冷眼与嘲笑。原来，这几位王室成员都妒忌哥伦布所取得的成就，他们非常讨厌哥伦布成为国王面前的“红人”。因此，他们一直在寻找一个让哥伦布出丑的机会。

一天，国王在金碧辉煌的王宫中举行晚宴，哥伦布也出席了这场隆重的宴会。就在晚宴快结束，国王刚刚离开之际，那几位一直想着让哥伦布出丑的王室成员马上当着众人的面开始讽刺哥伦布。

“不就是简单的一次航海吗，就算一个傻子开着一艘大船出去也能够发现新大陆。”一个嫉妒哥伦布的王室成员一脸不屑地说道。

“就是，傻子都可以办到的事情，还好意思在国王陛下那里邀功领赏，真是厚颜无耻至极。哥伦布不就是带着一帮人向西航行，在海上发现了一块新大陆吗，我相信任何一个人只要像他那样去做，就都会发现新大陆的。要不是我当时忙着别的事情，我肯定比他早发现新大陆。”另外一位王室成员用挑衅的眼神盯着哥伦布狠狠地说道。

哥伦布听了这些话之后，并没有马上反唇相讥，而是拿起盘子里的一个熟鸡蛋问众人：“谁能够将这个鸡蛋立在桌子上？”

结果，现场的人都尝试了一遍，尝试了很多种办法都不能让鸡蛋立在桌子上。这时只见哥伦布拿起鸡蛋轻轻地往桌子上一敲，将一头敲烂之后再将鸡蛋立在桌子上。

“这么做谁都能做到，你这个骗子！”之前用挑衅的眼神看着哥伦布的那个王室成员说道。

“是的，是谁都可以办到，但是我做了，而你没有做，成功需要的是努力与正确的方法，而不是一直去找借口。”

说完这句话，哥伦布转身离去，身后传来那位王室成员结结巴巴的尴尬声音……

在竞争激烈的职场上，主动找方法而不找借口的人永远都是老板最器重的员工，更是职场上最受欢迎的人。成功学大师安东尼·罗宾说过：“在职场上，能够贡献智慧的员工，是一流的员工；不能贡献智慧，而能贡献汗水的员工，是二流的员工；而那些既不动脑，也不动手的员工，必然被企业所淘汰，这是职场法则。”

根据美国哈佛大学的一项统计：第二次世界大战之后，全球五百强企业中的高层管理者有 8000 多位是从西点军校毕业的，董事长一级的有 1000 多人，副董事长一级的有 2000 多人，公司董事一级的有 5000 多人。可以说，全球任何一个商学院都没有培养出这么多优秀的企业管理精英。

在西点军校里，有一个非常著名的传统，每当学员遇到军官问话，只有四种回答：“报告长官，是！”“报告长官，不是！”“报告长官，不知道！”“报告长官，没有任何借口！”除了这四种回答之外，是没有第五种回答的。假如一个军官问一个学员，“你的手套为什么不洗干净！”学员如果回答是：“哦，我最近很忙。”那么，这个学员不但要遭受一顿喋喋不休的指责与训导，还可能会接受一些体罚。而军官们这么做的目的只有一个，那就是告诉学员："你最好不要找什么借口，因为战场上没有任何借口可以帮助你取得胜利。"

"不找借口，只找方法。"这是西点军校奉行的一项重要准则，是西点军校传授给每一位学员的重要观念。目的就是要学员在完成任务之时想着如何去找方法，而不是找借口，其核心思想是责任、敬业、服从和诚实。而这现在也成了企业建立团队、员工参与职场竞争的一个重要的成功法则。

国内有家非常著名的植物园曾遭遇过一个非常棘手的难题：总是有一些游客趁着管理员不注意，将很多的花草偷偷搬走。为此，这家植物园的管理员们想了很多的方法，增加人手、出台新的管理条例、增加罚款额度等。但是，这些方法都收效甚微。

然而，这一棘手的难题却在换了一个新领导之后迎刃而解。原来，这个新上任的领导对植物园里的告示牌都做了一番"手脚"。

他到底做了些什么呢？

原来，他将之前告示牌上写的"偷花草者，每次罚款200元"改成了"凡检举偷花草者，每次奖励200元"。原来的写法，只能靠管理员们自己去监督，改成新的写法之后，就有很多人帮着植物园进行监督。可以说，这种善于找方法的智慧，就是取得成功的最有利条件。

在职场上，取得成功的人都是最重视找方法的人。因为，他们始终相信，困难从来都不会自己消失掉，每一个难题必定都有能够解决的方法。所以，他们在努力的同时更注重方法。

一般来说，那些在工作中遇到困难后选择找借口而不去找方法的员工，主要有以下几个原因。

(1)面对困难，他们无法克服内心的恐惧感，所以选择找借口搪塞。

实际上，很多员工习惯在遇到困难之后找借口而不去找方法，就是因为他们对困难的恐惧。一位心理学家曾经做过这样一个实验：他将一条饿了两天的小鲨鱼放进了大型游泳池中，然后用一大块玻璃将小鲨鱼隔在游泳池的一边，最后在游泳池的另一边放进几条小鲤鱼。当小鲨鱼看到另一边的小鲤鱼之后，马上就冲了过去。结果自然不用说，小鲨鱼撞得脑袋生疼却没有吃到小鲤鱼。这个时候，心理学家将中间的大玻璃给拿开了，奇怪的一幕随之出现了，小鲨鱼游到游泳池中间的地方之后，却再也不敢向前游了，即便有小鲤鱼游到了它嘴巴不远的地方它也不敢动，因为它知道游过去吃小鲤鱼就会头痛。

在我们的身边，就有着很多这样的人，他们在工作中不断努力，但是在经历了几次困难或者打击之后就开始变得胆怯，在困境中不想着如何去寻找解决的方法，而是想着找什么样的借口将责任推卸掉。因而，对于这一类人来说，就应该努力克服心中对于困难与挫折的恐惧感，迎难而上，积极地去寻找问题的解决方法，如此才能够不让自己的努力白白浪费掉。

(2)喜欢找借口的人往往是缺乏坚持到底精神的人。

成功属于强者，属于那些具有顽强意志，坚韧不拔精神的人，属于那些为克服困难而努力开拓的人。

试想一下，如果我们在工作之时缺乏顽强拼搏的意志，没有坚持到底的精神，那么我们还能够成为一名不找借口只找方法的优秀执行者吗？答案当然是否定的。

如果，我们在困难面前总是表现出坚韧不拔、锲而不舍的态度，坚决不向困难低头，不为自己所遭受的挫折进行辩解，那么我们还能够一直都处在困境之中吗？答案同样是否定的。

所以，我们要想取得成功，就应该时刻谨记：成功是上帝赐予强者的礼物，真正的强者从来不需要任何借口、不需要任何的同情，他们只会努力地去寻找方法战胜困难，因为用借口来掩饰自己的错误只能等来失败的结果。

4.

成功者感悟：善于思考更为重要

成功并不仅仅需要埋头苦干的精神与丰富的知识，更需要优秀的独立思考能力，因为只有善于思考的苦干者才能够在奋斗的过程中比别人多一份认识，做出更为准确的判断。所以，对于每一位想获得“优秀”头衔的职场人来说，在埋头苦干和汲取经验知识的同时更应该锻炼提升自己的独立思考能力。

大量的事实证明，无论是在生活中还是在职场上，那些善于思考的人往往都是能“拿主意”解决问题的人，他们通常不是领导就是优秀分子，比那些只知道埋头做事、“死用功”的人更容易创造出价值，也更容易取得成功。所以，善不善于思考，已经成为了一个人在职场上有没有竞争力的标志之一。

伽利略，1564年出生于意大利比萨斜城的著名科学家。他小时候成长于一个破产的贵族家庭，家里经济十分拮据。但是，喜欢读书的伽利略却从来没有想着放弃学业，而是在有限的条件下努力读书，并于十七岁那年成功考进了比萨大学。

当时，能够读得起大学的意大利孩子都是家境十分富裕的家庭，不是达官贵人的孩子就是富商大贾的孩子。因此，伽利略在进入大学后遭到了很多人的白眼，周围的同学都瞧不起这个“落魄户”。然而，出人意料的是，老师们却非常喜欢这个家境贫寒的孩子，因为他不仅仅非常努力，更是一个喜欢钻研善于思考的孩子，很多老师都认为这个孩子的前途不可估量。

一次，伽利略和同学们一起去教堂做礼拜。伽利略从进门就一直盯着天花板上摇晃的灯，因为他觉得灯摇晃的时间间隔相差不多。于是，他用右手按住左手的脉搏，看着天花板上来回摇晃的灯开始思考。回去之后，他马上做了一个适当长度的摆锤，测量了脉搏的速度和匀速度，最终找到了摆的规律。后来，钟就是根据伽利略发现的这个规律制造出来的。

可惜，就在伽利略在大学里疯狂汲取知识的时候，因为家庭原因不得不离开了大学校园。但是，伽利略并没有放弃，而是继续努力不断思考钻研，发表了著名的《固体的重心》一文，并在数学方面取得了突出的成就。

二十五岁那年，比萨大学破格录取他为数学教授。此后，他又在比萨斜塔上做了著名的“两个铁球同时着地”的实验，一举推翻了亚里士多德的“物体的下落速度与重量成正比”的理论，解开了落体运动的秘密。最终，喜欢钻研、勤于思考的伽利略成为了举世闻名的大科学家。

从伽利略的故事中我们可以看出：善于思考已经成为了取得成功的重要条件之一，而那些只重视“汗水”不重视思考的人，绝对是距离成功最遥远的人。

张建刚毕业于国内一所二流院校的机械系，家中也没有什么背景，毕业之后被分配到市纺织研究所工作。由于学历较为一般，张建刚在进入工作单位之后并没有受到领导和同事们的注意。要知道，他们单位的名牌大学出身的硕士就有十多个，他一个普通院校的本科生怎么会引起别人的注意。

然而，张建刚在进入单位之后，并没有感到任何的自卑，而是开始改变自己，下工夫搞懂工作课题，并且养成了善于思考的好习惯，凡事都认真琢磨自己该怎么做才能做出“最佳方案”。

由于努力和善于思考，在工作两年之后，张建刚就成为了部门的骨干力量。再加上他脾气好、能力强，而且在领导面前很会“来事”，于是部门中的好几个大项目都交由他负责。几个大项目做下来，他已经成为了部门的技术尖子。由于主持几个大项目的关系，他经常接触一些私营企业的老板，最后这些老板都佩服他的技术，纷纷出高薪聘请他做技术主管。

不久，参加工作还不到三年的张建刚就被私营企业挖走，而他的薪水也由之前的几千块钱上升到了年薪二十万以上，成为了同事、朋友羡慕的“高级白领”。

从张建刚的事迹中我们可以看出：学历不高不可怕、没有过硬的家庭背景也不可怕，可怕的是没有奋斗精神与善于思考的好习惯。试想一下，如果张建刚不勤奋努力、不养成善于思考的好习惯，他能够取得令人艳羡的成就吗？

很多人在职场上就是缺乏张建刚这股子精神，既不想努力奋斗又不想认真思考，整天就做着“天上掉馅饼”的美梦。可以说，这样的人一辈子都不会取得成功。所以，对于每一位想取得成功的职场人来说，必须在养成勤奋努力的好习惯之时，让自己成为一个善于思考的人。

那么，我们应该怎么做才能够成为一名善于思考的人呢？

(1)凡事不要等着让别人替自己做决定，要养成善于独立思考的好习惯。

在职场上，我们总是能够看见这样一类员工，他们在工作中只注重执行不注重思考，领导交代什么就做什么，领导交代不到位的地方从来不想着自己去弥补，凡事总是依靠领导的吩咐去完成。

可以说，这一类员工绝对不会成为优秀员工，因为凡事靠领导的员工绝对不会成为独当一面的员工，他们无法肩负起更多的职责。所以，对于这一类员工来说，最好的办法就是让他们自己行动起来，摆脱只依靠领导而不自己思考的劣习，养成善于独立思考的好习惯，才能够让自己成为领导器重的员工，最终让自己在职场上获得更多的成就。

(2)要让自己成为一个善于独立思考的人，就必须拥有非常强的自信心。

很多人之所以不能成为一个善于独立思考的人，其根本原因就是因为他们自信心不够。因为，一个不够自信的人总是在否定自己，在需要思考的时候他们总是会想，“我天生就不是这块料”，还是交给别人去做吧。可以说，正是这种自卑心理让他们没有养成善于思考的好习惯，很少会想到“别人能完成的我也能完成”。

所以,对于这一类职场人来说,要让自己成为一个善于独立思考的人,就必须拥有非常强的自信心。

5. 思维盲点:老板是你努力工作的最大受益者

很多员工在实际工作中不注重思考,只会按照领导的吩咐去工作,究其根本原因就是他们的脑海中都有一个很大的“思维盲点”——“工作最大的受益者不是我们自己,而是老板”。可以说,认为“工作最大的受益者不是自己而是老板”的人,绝对不会在职场上取得骄人的成绩,因为这是一种错误的思想认识。

我们到底在为谁工作？是在为自己工作,还是在为老板工作？相信每一个在职场上拼搏的人都应该问过自己这一问题,而对这一问题作出不同回答的人,其在职场上收获的结果也各不相同。

那些认为自己努力工作的最大受益者是老板的员工,大多都是职场上的平庸者,而那些认为自己努力工作的最大受益者是自己的员工,则因为具备积极正面的认识而表现得更专注、更优秀,他们更容易成为职场上的佼佼者。

通常来说,员工与老板之间最大的区别就是:员工总是习惯于做老板吩咐的事情,仅仅是将工作当作一种谋生手段而已,只有很少一部分员工会为了公司的未来而努力去工作;老板总是能够认真去处理公司中的每一件事情,会像爱护自己一样热爱公司。也正是在这两种不同心态的驱使下,员工和老板站在了彼此的对立面,老板希望员工在工资不变的情况下把工作做得更好,员工希望拿更多的工资干更少的事情,结果就使得员工和老板之间总是矛盾重重,很多员工也因此滋生出自己努力工作的最大受益者是老板的错误思想。

但是，实际情况却是：员工越努力工作，最大的受益者不但是老板也是我们自己，因为只有干好工作让公司发展起来之后，老板才能够赚得更多，老板赚得更多，员工的各项薪酬待遇才能更高。

好利来创始人罗红在创业之前曾在一家私人照相馆做学徒工。然而，他在一进入照相馆之后就表现得和其他学徒工不一样，相比其他学徒工，他有着很强的工作学习劲头，总是跟着老板一起拼命去工作。

一天，罗红从照相馆出来准备回家睡觉的时候已经是凌晨5点多了，他连自己熬了多长时间都不知道了。在回家的路上，骑着自行车的他蹬着蹬着就睡着了，结果车子撞在了路边的一堵墙上，身上和脸上摔破了好几处。但是，第二天一大早，他还是像往常一样第一个进入照相馆去工作。

老板对于罗红努力工作的劲头十分欣赏的同时也十分诧异，他问罗红："你怎么不跟其他人一样慢慢悠悠地工作呢？而是像我这个老板一样努力呢？"罗红的回答是："我觉得勤奋是一种聪明的选择，努力工作的最大受益者不光是老板，我也是。"

一段时间之后，老板主动找到罗红的父亲，认真地说："老罗，你还是把你的儿子领回去吧。"

罗红的父亲一听，还以为儿子要被人辞退，马上着急地问道："是罗红表现不好吗？"

"不是不好，而是实在太优秀了，他太勤奋了，在这里工作实在是太屈才了，肯定耽误他的前程，你还是让他自己去闯一闯吧。"

就这样，罗红离开了这家照相馆，后来在家人的资助下，开了一家属于自己的小照相馆，这时候他才刚满十七岁。再后来，罗红在有了一定积蓄之后，开创了好利来集团。

现在，经过很多年的努力，好利来现已发展成为生产经营蛋糕、面包、西点、中点、咖啡饮料、月饼、汤圆、粽子等产品为主，拥有分布于全国80多个大中型城市的近千家直营连锁店，北京、

天津、沈阳三座国内一流的大型现代化食品工业园，上万名高素质员工的国内焙烤行业领军企业。

从罗红的事例中我们可以看到：如果罗红一直认为自己是在为老板工作，自己辛苦付出的最大受益者是老板，那么他肯定不会成为后来的好利来创始人。可以说，罗红的成功就是因为在他心里有着一种积极正面的逻辑思维——自己工作努力拼搏不仅仅是为老板做嫁衣，也能够让自己收获经验和技能，并让自己成为一名出色的工作者，这些对于一个人来说无疑是成长之路上最为宝贵的财富，它们是远非金钱和物质所能替代的。

幸运女神永远都青睐那些勤奋努力的人。换句话说，那些认真工作、从不偷奸耍滑的人要不想在职场上取得成功都很难。

现在，很多人都在问怎么样才能算得上是“为自己工作”呢？道理其实非常的简单，我们只需要进行自我审视，如果有一天我们的工作热情不再是由薪酬待遇和老板的器重程度决定的时候，那么我们就算是真正开始在为自己工作了。

那么，我们怎么做才算真正打破了思维盲点，开始认为自己也是工作的最大受益者了呢？

当我们开始充分准备，能够积极主动地去做好手头的工作，能够做到老板在和不在时候一个样，总是明白在为自己而努力，不需要别人的监督。

当我们在衡量自己工作成败之时不再以金钱、物质和地位当作衡量标准，而是以个人的能力、素养作为提升的量化标准。

当我们把工作视为一种恩赐，开始真正地用心去工作。

当我们不再把工作当作一件不得不去完成的任务之时，并开始懂得珍惜自己的工作，始终都将工作当成一种享受和挑战。

……

对照一下，看看我们是否像上面描述的一样，如果一样，那么恭喜你，你已经成功打破了思维盲点，你明白你是在为自己工作，你就是工作的最大受益者。

如果不是，那么它们将是你接下来努力的方向。

6. “多问型员工”：成功一定要多问问题

你是不是一个“多问型员工”？

如果你的答案是肯定的，那么你就有可能成为职场中的佼佼者；如果你的答案是否定的，那么你就肯定是职场上的平庸者。因为，那些在职场上取得成就的人都是喜欢问问题的人，多问问题能够帮助他们掌握更多的知识和经验，有助于他们的技术能力的提升，从而为他们的成功奠定坚实的“基础”。

所以说，你要想成为一名职场上的佼佼者，那么你就必须成为一名“多问型员工”，因为成功者都是通过解决一个又一个问题而积累出来的。

34岁的孙飞不但是中航工业沈飞公司技术装备中心车工高级技师、中航工业首席技术专家，更是“全国青年岗位能手”和“沈阳市劳动模范”光荣称号的获得者。不过，他在工作的企业中还有着一个非常响亮的外号——“问题大王”。

2012年，孙飞在参加全国职工职业技能大赛车工组的比赛中获得了第二名的好成绩。然而，优异的成绩与骄人的荣誉背后，却是不为人知的艰辛付出……

2009年，孙飞第一次走进了沈飞技术协会那幢大楼里。那时候，三十岁出头的他已经获得过“振兴杯车工状元”称号好几年了。所以，当他走进这里的时候，总是以一副成功者的姿态出现在众人的面前。跟老师傅们争得面红耳赤在当时可谓是“家常便饭”。

然而，在经过一年多的工作之后，他走进这幢大楼的时候却变得谦虚起来了，并成为了这里的“问题大王”。因为，在和老师傅们接触久了之后他才真正地意识到，过去的成功并不代表未来还会取得成功，在新的技术、新的问题面前应该放下荣誉，要谦虚地向经验更丰富，技术更精湛的老师傅们学习，只有继续努力下去才能够取得新的成绩和荣誉。

在以后的日子里，他在车间里总是认真工作且勤于思考，遇到技术难点就先打开事先准备好的本子开始钻研，实在不懂就请教别人或回家查阅大量的技术资料，还将自己实在解决不了的问题记录在本子上，等到技协搞活动的时候马上向那些技术尖子请教，他每一次都是问题最多的那一个，最后大家一致送了他“问题大王”的外号……

孙飞将“问题大王”的外号一戴就戴到现在，不过这顶帽子并没白戴，现在他已经成为了能生产、能奉献、能研学、能攻坚、能创新、多能手的“六能标兵”，成为了“飞机城里的技术全能”。

从孙飞的个人事迹中我们可以看出：一个善于问问题的员工，一定是企业中成长最快的员工，他们比别人成为企业中的骨干力量的时间更短，速度更快。

事实上，让自己成为一名“多问型员工”，也是现代员工必须肩负起的一项使命：在当前这个市场竞争白热化的年代里，你要想让自己所在的企业成为市场竞争的优胜者，让自己随着企业的发展一步一步地成长为行业中的优秀人才，那么就必须在工作中多问问题，最终帮助企业解决更多的问题。所以说，每一个人在踏进企业大门的那一刻起，就应该要求自己成为一名“多问型员工”，因为这样自己才能够更加快速地成长起来。

大野耐一在其《丰田生产方式》一书中写道：“正是因为对丰田人追问问题的态度和对问题的认真解决态度，最终使得丰田人创造了世界上独一无二的精益化生产方式。”

有员工问，在丰田纺织公司里面，一名青年女工可以一个人同时操作40台机器，但为什么在丰田汽车工业公司，一个男青年却只能管一台机器？

原因是机器不能在加工时完成自动停止，为此便有了“自动化”的设想，并最终研制出了“自动化”机器。

有员工问，为什么丰田公司不能够做到“准时化”生产呢？

原因是工人们无法控制，因为谁也不知道前一道工序是过早还是过多，不知道加工一件产品要用几分钟。为此便有了“均衡化”的设想，最终成功地实现了“均衡化”生产。

有员工问，为什么会出现生产过量而导致的浪费呢？

原因是没有控制过量生产的机制。结果现在，丰田有了“目视化管理”的设想。

由此可见，先进的生产方式是在一个个追问中获得启发而创造出来的。

从这个案例中可以看出：多问几个问题可以帮助我们理清问题背后隐藏的因果关系链。我们必须明白，提问有时是解答一个问题的最好方式，提问犹如一把钥匙，总能打开一扇又一扇未知的大门。只要我们问对了问题，这些问题就能够引导我们找到背后的答案。在职场上，遇事多问自己几个为什么，我们的思维就能够得到更多、更好的启发，记住：问题是思维的食物，你喂给思维的食物越多、越对其胃口，它就越活跃、越强大。

可以说，在职场上凡事多问几个群众，这对于每一个职场人来说都是一件大好事。因为，只要你问得越多，那么你获得的信息就越多，这样一来你就能够获得进一步的提升，并在此过程中结识人脉，从而让自己在工作中表现得更加优异出色。

所以说，对问题不停追问，持续下去，你就能找到答案！你就会在不停的提问中成长为一名优秀员工。

第七章

赢在乐业：乐业是我们一直努力工作的动力之源

在企业中最好的工作方式就是把工作当成一种乐趣，快乐地工作。在快乐情绪的带动下，人们的工作质量往往是最好的。只有先乐业，才能做到敬业，才能主动承担起对工作的责任。当乐趣充满了工作的过程，工作就会变得轻松、快乐。可以说，快乐是工作的动力。乐在工作，并把它当作是一种收获成长的经历，你会发现工作的闪光之处。

1. 工作感受不到乐趣，努力必将成为空谈

伊利集团董事长潘刚说：“每一位管理者，应当都意识到自己有让员工快乐的义务，在每一天的日常工作中尊重每一位员工的劳动；每一位员工，在努力尽职工作的前提下，实现自己的快乐工作。”

在职场上，我们总是能够发现这样一些人：他们每天上班的第一件事就是告诫自己今天一定要努力工作，可是上班还不到一个小时就开始精力不集中，总是想着偷懒，慢慢地把今天工作变成了明天的工作。可以说，这些人之所以让努力成为空谈，很大的一个原因就是他们在工作中感受不到乐趣。

所以，我们说：“工作感受不到乐趣，努力必将成为空谈。”

2011 年秋天，张建杰从北京一所重点大学毕业后进入了一家咨询公司做分析员。刚进公司的时候，张建杰就告诉自己：“一定要努力工作，争取在三年之内成为公司的中层管理者。”

在进入公司的前两个月里，张建杰总是早上第一个到办公室，晚上最后一个离开办公室，因为他想通过努力工作把自己的才华展现出来。可是，两个月过后，张建杰发现自己在公司里的职位无疑是最冷门的一个职位，每天除了分析数据就是分析数据。

两个月之后，张建杰逐渐开始厌烦这份工作，但是他还不想走，因为这份工作的薪水还是很不错的。所以，努力奋斗的精神逐渐从张建杰的身上消失了，他开始过上了“当一天和尚撞一天钟”的日子。

每天早上晃晃悠悠地散步到公司，打开电脑简单地对数据进行收集、整理、分析之后，便开始偷偷地玩起了网络游戏。下午一下班，马上回家看电影或者叫上一帮子朋友去喝酒唱歌。

就在张建杰逐渐开始“沉沦”的时候，他的上司李明洋却找到了他，并对他说：“你应该知道，你来公司之后接的是我的班，而我只比你早毕业一年，我了解这份工作的枯燥，但是我还要告诉你这份工作也有很多的乐趣。只要你努力，你也会像我一样成为副主管。”

可是，张建杰对于李明洋的这番话却嗤之以鼻，因为他认为李明洋之所以能够升职还不是因为他和部门经理是校友关系。因此，他照样是我行我素，每天的工作只做到“六十分”。

不同的是，与张建杰同一时间进入公司的另外一位分析员却表现得越来越出色，并且对公司的数据分析工作提出了很多建设性的意见。

一年半之后，李明洋被提升为部门主管，他上任的第一天就宣布裁掉张建杰，把另外一位分析员提升为部门副主管，而李明洋给出的裁人理由是：“一个不想着从工作中寻找乐趣的员工，肯定不会成为一名努力工作的好员工，这样的人必须辞退。”

从张建杰的事例中我们可以看出：一个人一旦在工作中感受不到乐趣，并且不愿意去主动寻找工作中的乐趣，那么这样的人必将成为职场上的“淘汰者”。

有的人每天愁眉苦脸，讨厌手中所做的工作，视其为惩罚，人生就是一场漫长难熬的苦役；有的人每天欢欢喜喜，热爱他所做的一切，视其为享受，于是，他的生命就是一支悠扬动听的歌谣……

我们到底是整天愁眉苦脸呢，还是每天都欢欢喜喜呢？

毫无疑问，那些在工作中表现得愁眉苦脸、怨气冲天的人，就是在工作中感受不到乐趣的人，努力对于他们来说就是一种奢望，因为他们缺少努力工作的原动力——工作乐趣就是激发工作热情的原始动力，感受不到工作乐趣必然不会去努力工作。

纪伯伦有句名言:“倘若你无精打采地烤着面包,你烤出的面包就是苦的;倘若你怨恨地酿着葡萄酒,你的怨恨就在酒里滴了毒液……”试想一下,如果我们在工作中总是以一种不耐烦的心情去干,那么我们会干出一番成就来吗?答案当然是否定的,当你厌烦工作的时候就不会把工作干得出色。

所以说,快乐工作就成为了每一名职场人都必须完成的使命。

2004年,在雅典举行的第28届夏季奥林匹克运动会上,第三次参加奥运会的郭晶晶终于拿到了自己梦寐以求的女子3米板跳水单人冠军和双人冠军,成为继伏明霞之后中国队新一代领军人物。

2008年,在北京举行的第29届夏季奥林匹克运动会上,“世界跳水女王”郭晶晶再一次捧得女子3米板单人冠军和双人冠军的金牌,为中国跳水队赢得了“跳水梦之队”的称号。

2009年,在意大利罗马第13届游泳世锦赛上,“跳水女皇”郭晶晶以惊人的稳定性和近乎完美的表现,一路领先,再次夺得女单3米板冠军,创造了世锦赛“五连冠”的壮举。

在意大利罗马第13届游泳世锦赛夺得金牌的当天,记者采访郭晶晶为什么会一直表现得如此出色,从雅典到罗马,她这一路是如何坚持下来的?

郭晶晶的回答是:“在这里,我很快乐!……所以我会一直跳下去……直到伦敦奥运会。”

虽然,郭晶晶此后因为身体以及家庭的原因并没有出现在2012伦敦奥运会的赛场上,但是我们依旧可以从她的身上领悟到:工作不仅仅需要我们去完成某一项任务,它还应该是为我们的人生永远提供快乐的源泉,因此感受到工作中的乐趣,应该是我们在工作中所追求的最高境界。

人们经常讲:“要干一行爱一行。”可是,如果我们所从事的工作,总是不能给我们带来快乐,反而给我们带来痛苦,那么如何去爱自己的工作呢?如果我们不爱自己的工作,那么努力怎么不会成为一种空谈呢?

那么,我们该怎么做才能够让自己感受到工作中的乐趣呢?

(1)把自己的工作大目标分解成为很多个小目标,每完成一个小目标就奖励自己一次。

应该说,这种方法无疑是让我们在工作中感受到乐趣的一种好方法,一杯饮料、一本喜欢的书、一包好吃的饼干等,这些小小奖品都能够将我们工作中的枯燥感化去不少,让我们学会自己奖励自己的同时,也觉得工作越来越有趣。

(2)不要急功近利,保持一种淡定的工作态度,让工作中的乐趣一点一点地"溢"出来。

什么是淡定的工作态度?百度百科中的解释是:"不会因为工作的压力而怨天尤人,也不会因为职务的高低而怀才不遇,更不会因为待遇的多少而牢骚满腹。努力地学习,勤奋地工作。不会欺上瞒下,看领导的眼色做事,也不会投机钻营,绞尽脑汁、不择手段地去捞取名利。爱岗敬业,在工作中寻找快乐,在劳动中获取幸福。"

很多人之所以在工作中感受不到乐趣、无法获得自己想要的成功,就是因为他们太过急功近利,不注重过程只注重结果,缺少淡定的工作态度,最终导致工作越做越着急、越着急越容易出错。所以说,追求成就感,感受到工作中的乐趣,就不能操之过急,而应踏踏实实地一步一个脚印地去做,在点滴之间感受到工作蕴含的乐趣,最终取得自己想要的成功。

2. 快乐工作的秘诀就是改变不良工作习惯

我们为什么总是在工作中感觉不到快乐?

我们为什么总是觉得工作就是一种苦差事?

我们为什么总是苦苦寻觅快乐工作的秘诀，却久久不能如愿？

……

其实，快乐工作的秘诀很简单，那就是改变我们的不良工作习惯。那些在工作中很少能够感觉到快乐的人，十个人中有九个人是因为有很多的不良工作习惯。换句话说，不良工作习惯就是“谋杀”我们工作乐趣的“真正元凶”。

因此，我们要想在职场上坚持不懈地奋斗下去，就必须改变自己的不良工作习惯，让好的工作习惯带给我们一份好心情，从而让我们发现工作中的乐趣，在快乐工作中实现自己的职业理想。

2008年夏天，吴建宇从西安的一所技校毕业后前往广东打工，由于学历低和缺乏工作经验，他整整找了两个月才找到一份摩托车销售的工作，实习期的月薪只有1800元。因此，吴建宇感到非常的失落，他从上班的第一天起就打定主意，赚两个月工资就跳槽。

正是因为吴建宇有了这样的想法，所以他从上班第一天起就开始“混日子”，老板在的时候装出一副和其他销售员一样努力推销的样子，一旦老板不在就去玩手机游戏或者给朋友打电话聊天。

虽然打定了“混日子”的想法，但是吴建宇的运气却很不错，由于店里新上了一批新型号的摩托车，凑巧好几个销售员不是生病了就是家里有急事，当很多摩托车迷主动上门提车的时候就只能由吴建宇接待了。可以说，碰上了这样的好运气，吴建宇在上班的第一个月销售业绩很不错，光是奖金就拿了7000多块钱。

拿到薪水和丰厚的奖金之后，吴建宇决定马上跳槽到另外一家更大的摩托车店去做销售，因为那家店给的提成奖金更高。最为主要的原因是，这个店的老板主动邀请吴建宇去他那里工作，因为吴建宇那个月的销售业绩在附近的摩托车销售行业里已经传开了，很多人都夸他是一个有潜力的好苗子。

可是，就在很多人都认为跳槽之后的吴建宇必定能干出更好的业绩之时，一条新消息却传了出来：跳槽两个月后，吴建宇被解雇了。

这又是为什么呢？

原来吴建宇在工作刚开始的时候就养成了不良的工作习惯，从不想着主动去拉顾客销售，总是待在店里玩手机、打电话等着顾客上门，再加上之前有过很不错的业绩，他很少去听老板的安排，经常抱怨工作辛苦、薪水少、一点乐趣都没有，甚至指责老板不会选店址，不能吸引客人来主动购买。结果是，跳槽两个月之后，吴建宇就被老板给解雇了。

从吴建宇的事例中我们可以看出：一旦养成了不良的工作习惯，势必会对自己的工作造成影响，不但不会令我们在工作中感到快乐，相反，还会让我们对工作失去了感恩之情，开始喜欢抱怨这个抱怨那个，结果为我们埋下了引爆“职业危机”的导火索，稍有不慎就会让我们遭遇“职业危机”。所以说，我们要想把工作干得出色、感受到工作中的乐趣，就必须改掉自己的不良工作习惯，切莫重蹈吴建宇的覆辙。

习惯的力量是巨大的，它无时无刻不在影响着我们的思维方式和行为模式。世界成功学大师拿破仑·希尔说：“习惯能成就一个人，也能摧毁一个人。”俄国教育家乌申斯基说过：“良好的习惯乃是人在神经系统中存放的道德资本，这个资本在不断地增值，而人在其整个一生中就享受着它的利息。”我们每个人都有着很多不同的习惯，而习惯上的差异也是造成每一个人拥有不同奋斗结果的重要原因。如果一个人身上的好习惯多于坏习惯，那么他必然不会成为一个长期处在失败的深渊中无法自拔的人。而如果一个人身上的坏习惯多于好习惯，那么他必然会成为一个彻彻底底的失败者。所以说，养成良好的工作习惯，就是每一个职场人获得成功、快乐工作的最大秘诀。

一般来说，工作中最常见的不良习惯主要有以下几个：

不良工作习惯一：从来不收拾办公桌，总是把办公桌搞得乱七八糟。

想象一下，当我们把自己的办公桌搞得乱七八糟，上面堆满了看过的报纸、没用的文件，甚至还有吃剩的饭盒、饮料罐、食品袋，那么我们怎么会有一个好的心情去工作，如何在工作中感到快乐？

更为重要的是，杂乱的办公桌在让你感到慌乱、紧张和烦躁的同时，还会使得周围同事的心情也跟着变差，引发同事们对你的不满，最后使得同事间的人际关系非常紧张，更不利于工作。因此说，我们要想让自己在工作中有愉快的心情，那么就必须注意把自己的办公桌收拾干净，千万别搞得乱七八糟的。

不良工作习惯二：工作之时不分轻重缓急，导致工作节奏混乱，最终把工作搞得一塌糊涂。

可以说，工作之时不分轻重缓急，是很多人的一个坏习惯，他们在工作中尽管非常地努力，但是就是无法得到自己想要的结果。美国著名企业家亨利·杜荷说过："人有两种能力是千金难求的无价之宝——一是思考能力，二是分清事情的轻重缓急，并妥当处理的能力。"所以，他建议我们应该在前一天晚上安排好第二天要做的工作，并按事情的轻重缓急程度去做事。

相信，每一个在职场上拼搏过的人都应该明白：没有人在工作时随心所欲地去做就能够做好工作，分清轻重缓急是我们保持工作节奏、寻找到工作中乐趣的一种好习惯。

不良工作习惯三：将问题搁置一旁，而不是马上解决或做出决定。

拥有这一坏习惯的人在工作中最突出的表现就是拖拖拉拉，从来不想着尽快解决工作中的问题，工作效率通常都很低，而这种低效率的工作方式也使得他们容易厌倦工作，很少能够感受到工作中的乐趣。因此，对于拥有这一坏习惯的人来说，要想感受到工作中的快乐，亟待解决的问题就是如何让自己不再拖拖拉拉。

不良工作习惯四：独来独往，不希望得到别人的帮助，也不想帮助别人。

毫无疑问，这样的人在工作中是不会感到快乐的，总是独来独往的他们肯定会成为同事们眼中的"异类"，而没有同事们的关照，他们在工作中注定会遭遇很多的困难。

所以，对于这一类"独行侠"式的人，最应该做的就是和同事们打成一片，让办公室场所的快乐气氛也能够传递给自己。

3. 敬业成就乐业,乐业成就伟业

工作,是每一个人这一辈子中都不可能缺少的东西,而我们要想在工作中获得成功,就必须拥有敬业精神。因为,敬业精神是乐业的前提,而乐业是帮助我们成就伟业的基础。

那么,什么是敬业精神呢?答案是,敬业精神是人们基于对一件事情、一种职业的热爱而产生的一种全身心投入的精神,是社会对人们工作态度的一种道德要求。它的核心是无私奉献精神。低层次的即功利目的的敬业,由外在压力产生;高层次的即发自内心的敬业,把职业当作事业来对待。

所以,任何一个想要在竞争激烈的职场上取得成功,就必须拥有敬业的精神——做一个敬业的职场人,我们才能够在工作中感受到快乐,进而在快乐工作的状态中追求卓越。

1994 年,一个很偶然的机会,出生在南京郊区的一个农家青年给招收进了中国人民解放军 5311 工厂,成为了一名军工厂的员工。

这位农家青年在进入解放军 5311 工厂之初,因为学历较低,只能够从事装配工这一简单的体力工种。要知道,装配工是一个非常累人的活,每天都得扛着大包的产品送到领导指定的地方去,一天下来光流的汗就能够湿透衣服好几回。但是,这位农家青年非常地珍惜这个难得的工作机会,从进入工厂的第一天起就踏踏实实地去工作,从不想着偷懒懈怠,有着其他人无法企及的敬业精神。

然而,他的敬业与努力并没有换来周围同事的赞扬声。相反，那些出身城市的同事却认为他是一个“大傻帽”，一位跟他平日里关系不错的城市出身的同事跟他说：“你这么敬业有什么用呢？你又不是城市户口，只是一个农村来的临时工，干出再多的成绩也不会永远待在这个工厂里的，就算你干了一辈子，一退休还是得回农村去，别那么傻了。”

但是，这位农家青年却不这么看，他觉得只要自己足够敬业，就能够干出成绩，而干出成绩之后还会不会留在这里，那是以后的事情了。所以，他在装配工的岗位上一干就是好多年。

和其他装配工所不同的是，这位农家青年还主动像那些技术工人学习，因为他在长期敬业工作的过程中已经喜欢上了这里的工作，工作带给他快乐的同时也让他有了更高的追求，他决心从一名装配工提升为一名技术工。

2004年，他所在的车间接到了一批军品球形螺母和罗圈的加工任务，精度要求非常之高。车间领导在接到这个任务之后，都看着手中的图纸发起愁来。然而，出乎车间领导意外的是，最后车间里面能做这批活的人只有这个从农村来的装配工。因为，他在车间长达十年的工作过程中竟然偷偷地练就了一手过硬的技术本领。

此后，这位农家青年的表现逐渐引起了工厂领导的重视，他的人生也开始发生改变，因为他已经成为了工厂里技术最过硬的几个人之一，攻克了一个又一个技术加工难题。2008年的时候，他不但成为了厂里的劳动模范，更成为了全国劳动模范。

他，不是别人，就是全国第十一届人大代表程军荣。

从程军荣的事迹中我们可以看出：一个人不管学历有多低，不管出身有多么普通，只要他有了敬业的态度，能够从自己的工作中寻找到快乐，那么他就能够从平凡走向不平凡，让自己成为一个人人羡慕的成功者。

我们中华民族自古以来就有“敬业乐群”、“忠于职守”的传统。毫不夸张地说，敬业精神就是中国人民的传统美德之一。早在春秋时期，大思想家、大教育家孔子就主张人在一生中始终要勤奋、刻苦，为事业尽心尽力。他说“执事敬”、“事思敬”、“修己以敬”等话。北宋理学家程颐更进一步指出："所谓敬者，主之一谓敬；所谓一者，无适(心不外向)之谓一。"

"辛苦我一个，方便众乘客"这是公交车售票员李素丽经常挂在嘴边的一句话。

1981年，年轻的李素丽从当上公交车乘务员起，就始终把"一心为乘客，服务最光荣"的宗旨牢记在心，在艰苦的岗位上从不抱怨从不喊累，热情地为每一位乘客服务，始终用敬业态度工作。

公交车售票员本身就是一个非常辛苦的岗位，每天都会遇到形形色色的人，有老人、有孕妇、有小孩，也有残疾人。但是，李素丽却以惊人的敬业态度去为大家做好服务——遇到腿脚不便的老人，李素丽就上前去搀扶；碰上着急赶时间的"上班族"，有时候车厢里确实已经非常拥挤了，但是李素丽还是尽自己最大的努力把他们让进车里来。尤其是，别的乘务员平时都坐在售票员专座上等乘客过来买票，而李素丽为了让乘客们更方便，总是自己走过去卖票，而她的售票员专座上经常坐着的不是她，却是一些孕妇和残疾人。

李素丽的辛苦付出与敬业精神感动了无数的乘客，最后她由一名普通的公交车售票员变成了全国著名劳动模范。记者采访她为什么会如此敬业的时候，她平静地说道："只有敬业才能够全心全意为人民服务，更关键的是我一直都感觉这么做很快乐。每一辆公共汽车都有终点站，但是为人民服务没有终点站。我永远属于我的乘客，属于我的岗位。"

可以说，敬业工作是李素丽迅速由一名普通售票员成为全国著名劳动模范的关键因素，也赢得了全国人民对她的尊敬和爱戴，"有事儿找李素丽"已经成为了全国人民耳熟能详的一句话。

从李素丽的事迹中我们可以看到：哪怕我们身处最普通的工作岗位上，我们也应该以非常敬业的态度去做好工作。我们每一个人都从事着不同的工作，有些人从事的工作比较引人注目，而有些人从事的工作则不是那么引人注目，假如我们所从事的工作正是那些容易被人忽视的工作，那我们也不能因此而感到沮丧，熟知自己的岗位职责，因为这种沮丧的情绪正是我们由普通走向优秀的“绊脚石”。

从另一个角度上来说，如果我们从事的工作是比较引人注目的，但是我们却不肯用心去做，总是缺乏敬业精神，在工作中感受不到快乐，那我们不但不会取得成功，还会遭受他人的鄙视和唾弃。因此说，每个人在任何岗位上都有升职加薪的机会，关键就是看你是不是以积极主动的敬业态度去干好你的工作，把工作是否做到了最好。

敬业成就乐业，乐业成就伟业。我们必须明白：敬业并不是要求我们在某一个时间段内所必须持有的工作态度，而是自始至终都必须持有的一种岗位负责精神，它本身就是对工作热爱的一种表现，需要持之以恒的态度，并且要饱含真心、诚心、耐心和感恩之心。我们在工作中感受到快乐之时，必须知道付出和回报是相辅相成的，有多少付出就能够收获多少快乐——不要小看那些简单的工作，把简单的工作做到不简单，再平凡的工作也会变得不平凡起来。

那么，我们怎么做才会让自己成为一个敬业的工作者呢？

培养敬业精神，要求正确处理和职业所联系的“责、权、利”关系。人们如何看待自己所从事的职业和岗位，是否认同和追求岗位的社会价值，是敬业精神的核心。如果没有任何认同，就不会有尊重和忠实于职业的敬业精神，而认可程度不同，也会产生不同的敬业态度。因此，我们要想做一个敬业的工作者，那么就必须从以下几点做起：

(1)要想做一个敬业的工作者，那就必须树立职业理想。

众所周知，职业理想是敬业精神的思想基础。任何一个人都应该把自己的职业看作是为自己争荣誉，为企业谋利益的活动，更要在这种认识上树立远大的职业理想，从而才会让自己成为一名真正的敬业工作者。

(2)为自己准确地设定工作目标。准确的工作目标是做好工作、争创先进的动力，我们只有有了准确的岗位目标，才能够做到勤业敬业，在工作中创造出更大的价值。

(3)自觉遵守工作纪律。每一个敬业的工作者，必定是一个遵守工作纪律的人，因为遵守工作纪律是敬业的前提条件之一。

(4)敬业必须精业。为此，我们必须不断地去提升自身的技术水平和劳动素质,养成精益求精的职业作风,从而让自己在精益求精中变得更加敬业。

4. 在快乐中走向成功:换工作不如换心情

有人说:“快乐是人类特有的一种心理感受,具有浓重的主观色彩。它与种族、年龄、职业、地位和个人财富等没有多少内在联系。心态才是我们真正的主人,它能够让我们早日抵达成功的边缘,也能使得我们一直在失败的深渊里徘徊。”

不论我们从事什么工作,心情都是非常重要的。很多人之所以在工作中体会不到快乐的感觉,就是因为他们不懂得去调节自己的心情,而这些人却总是将工作不快乐的原因都归因到工作上,从来不去寻找自身的原因——快乐工作是自己以一种快乐的心态去工作,把工作快乐化,使自己每天以崭新的眼光、积极的心态去对待自己的工作,而总是以跳槽的方式去寻求工作快乐的方式无疑是一种不明智的选择。

23岁的张秋萌是清华大学毕业的高才生,大学里所学的专业是计算机技术,但是毕业两年之后的她还在找工作。

其实,张秋萌刚毕业的时候就被一家国内知名IT企业给录用了,一进入公司就被分配到了研发部,从事她毕业之前一直都想做的编程工作,而且工资薪酬都很不错。

说到这里,大家都会问她为什么现在又回到了找工作的状态中,是能力不够还是其他原因呢?

原来是这样的,刚刚从事编程工作的时候,张秋萌非常的兴奋，有时候一坐就是五六个小时不起身，领导让她加班更是从不抱怨。由于表现得非常不错，公司还特意为她破了例，原来公司规定实习期不提供员工住宿，结果她实习期还没有满就拥有了一间单人宿舍。

然而，随着工作的新鲜劲头一过，才工作了不到四个月的张秋萌就开始厌烦起编程工作，经常是坐在电脑前发呆，一点儿都不想碰电脑，心情非常的差。起初，她以为是自己有点不适应长时间这么辛苦工作的缘故，觉得过一段时间就会好。可是，再过了一个多月之后，她更是觉得越来越没有感觉了，心里面也非常的不舒服，感觉自己就像嫁给了电脑一样。

在工作满半年之后，她向领导申请调到工程部，从事运用、安装和客户体验方面的一些工作，因为她觉得换一个工作也许就会好起来。可是，令张秋萌失望的是，新工作还是不能让自己感觉到快乐，而且自己比之前更加的烦躁，再也没有了当初的工作热情。

就在换了新工作两个月之后，张秋萌的脾气变得越来越暴躁，有时候闺蜜打来了电话都不愿意接，还经常和家里人在电话里吵。

张秋萌的表现引起了部门老总的注意，老总把她叫到办公室："你有什么事情我可以帮你，但是我不希望再看到你以这样的状态去工作。"听了老总的话，张秋萌的满肚子委屈就全出来了，她告诉老总现在对着电脑一点儿都不想做，怀疑自己根本不适合做IT行业，希望老总将她调到人力资源部或者销售部。

一个礼拜后，老总通知她可以前往人力资源部工作，但是必须保证要干满两年。最后，张秋萌又害怕自己在人力资源部做不好，毕竟自己学的是计算机专业。于是，在经过一段时间的思考之后，张秋萌决定辞职，因为她想去化妆品行业找份工作，因为她平时就喜欢打扮自己……

可谁知道，想在化妆品行业找份工作竟然是这么的难，一年多时间过去了她还处于失业状态。

从张秋萌的事例中我们可以看出:不懂得调节心情的人,就是再怎么换工作还是不能感受到工作的乐趣——只要我们能够怀着快乐的心情去工作,善于让自己从坏心情的"禁锢"中走出来,我们就能够感受到工作乐趣,最后变成一个十分热爱工作的人。

换工作不如换心情,这是现在非常流行的一种说法和现象。在职场上还有一句形容这种现象的顺口溜:"3个月后没激情,6个月后很烦躁,心情不好换工作,这家试过试那家。"可以说,这种寄希望于换工作来感受到工作乐趣、拥有好心情的做法,对工作者们造成的影响还是非常大的。比如说,一个人老是换工作换行业,那么他就不可能积累出丰富的职业经验,每一个新工作对于他来说都是"从新开始",一直拿着行业最低水平的薪资。所以,我们在感到工作乏味的时候,选择换工作都是冲动和逃避的做法,换心情才是积极的应对方式。

事实上,一般人在工作感到不快乐的时候都没有找出自己真正面临的困境是什么,总是期待新环境和新认识的人能够帮助自己走出心理困境。可是,他们的这种期望一旦无法实现,就会产生更大的挫败感,进而影响自己之后继续工作或找新工作。根据相关心理数据统计,一般人工作不快乐之时换工作主要有以下几个原因:

(1)薪资待遇不符合心理预期。实际上,那些因为薪资待遇符合自身预期的人感受不到工作的动力,从而觉得工作没有意思。对于这一类人,最应该做的就是表现得更加出色,从而向上司提出涨薪酬的要求,因为出色的表现就是你最大的筹码。

(2)总是觉得自己是"千里马",但就是不能遇到自己最希望遇到的"伯乐"。可以说,这类人要想感受到工作的乐趣,不再频繁地跳槽,最应该做得就是正确地认识自己,自己到底是不是"千里马",应该用成绩来说话。

(3)对于自己的领导同事不满。这类人总是感到自己不快乐,就是因为他们不会处理人际关系,总是觉得自己没有错,不会站在大众的立场上去考虑问题,最终让自己在工作中越来越被动,也越来越干不下去。

(4)对公司的发展前景感到不安的人。对于这类人来说,要让自己在工作中一直保持快乐的心情,那就是安心做好每一天的工作,公司发展不下去了再换公司也不迟。

最后，对于那些一旦在工作中感到不顺心就准备“另起炉灶”的人来说，一定要建立正确的工作观念，不要总是一有离职的想法就马上付诸行动。换句话说，如果你不能够建立正确的工作观念，就算换了一个工作，也照样不会有多大起色的。所以说，要想取得成功，就应该明白：换工作不如换心情，只要心情好，每一份工作都能够干出一番成就来。

5. 拥有积极的心态，才会做个快乐的奋斗者

高尔基有句名言：“工作快乐，人生便是天堂；工作痛苦，人生便是地狱。”

如果你不喜欢自己的工作，那么不管你的能力有多强，你都不会取得成功。因为，任何一个成功者首先必须是一个喜欢自己工作的人。

那么，我们怎么做才能够成为一个快乐的奋斗者呢？答案是，我们必须拥有积极的心态，因为积极的心态是催生快乐的源泉——当我们拥有了积极的心态之后，就会热爱上自己的工作，而“爱”能够让我们积极地去面对工作中的困难，也能够让我们产生强大的工作动力，更能够让我们感受到自己工作意义的重大、岗位责任的重要，从而在工作中体会到成就感，最终全身心地投入到工作中去。

有这样一则寓言：

有一天，农夫赶着自家的小毛驴去镇上买东西，谁知道在去的路上小毛驴掉进了一口枯井里。农夫看了看那口枯井，感觉是不能把小毛驴救上来的，因为那口枯井看上去非常的深。

看着小毛驴在枯井里不停地哀嚎，农夫心里难过极了。最后,在经过一番痛苦的思考之后,农夫决定放弃营救小毛驴,因为他觉得与其看着小毛驴不停地哀嚎着,还不如把它弄死,好让它不再这么痛苦。于是,他赶回村子里邀请了一大帮子年轻人扛着铁锹来到枯井旁,准备将自己心爱的小毛驴活埋掉。

当掉进枯井里的小毛驴看到农夫和那一帮子拿着铁锹的年轻人之后,它马上明白他们要干什么了,于是它哀嚎得更加的凄惨了。但是,出乎所有人预料的是,在大家往枯井里填了一会儿土之后,小毛驴竟然停止了哀嚎变得安静了起来。

农夫停下手里的铁锹好奇地往枯井一看,却看到一幅令他从来都没有想到过的场景:当人们将土从上面填下去落在小毛驴背上的时候,小毛驴马上晃动身子将泥土抖落在地上,然后再站到泥土上!就这样,小毛驴一直坚持将铲到它身上的泥土全部都抖落下去,始终都站在泥土上面。最后,在众人的欢呼声中,小毛驴终于站在了地面上。而就在小毛驴走出井口的一刹那,它对着农夫说道:"主人,不管在多么困难的情况下我们都应该珍惜生命,用积极的心态去面对,千万不要放弃。"

可以说,现实中就有很多人和这则寓言故事中的农夫一样,在困难面前总是以消极的心态去面对,他们在职场上一直无法取得成功的最主要原因就是缺乏积极的心态——没有积极的心态,总是消极地去面对自己的工作,结果是越工作越痛苦,最后成为一名失败者。

因此,对于那些总是以消极心态去面对自己工作的人,就应该像寓言故事中的小毛驴学习——不管自己每天有多忙,也不管工作环境是有多么的恶劣,都应该时刻保持愉快轻松的心情,以积极的心态去面对,只有这样才能够让自己找到成功的出口,最后成为一名成功者。

2005年2月,中华全国总工会在人民大会堂为沈阳鼓风机(集团)有限公司的"五朵金花"授予了"全国五一劳动奖章"和"全国五一巾帼奖"。

这"五朵金花"是五位年轻的女工程师,她们分别叫做王英杰、张玉珠、严鸿、王广兰和葛丽玲。这五位年轻的女工程师主导设计了我国第一台4万立方米的流量空气压缩分离装置，这一项目让中国大型空气压缩机组国产化的空白被填补了。

她们取得了如此骄人的成就，但是她们的自身条件并不是很好，张玉珠和王英杰最初的学历只有中专水平。要知道，在机械设计领域中，女同志们要想做出一番成绩要比男同志付出更多的努力，遭遇更多的困难，没有积极的心态是根本不可能取得成绩的。

王英杰、张玉珠等“五朵金花”在工作中从来不肯服输，男同志能够做好的她们也会同样做好，很多时候更是比一些男同志更敢于挑起重担。比如说王英杰，之前仅仅有中专学历的她为了干出一番成绩，在进入公司的第二年就报考了东北大学的自考本科，在取得工学学士学位之后又以高分考进了沈阳鼓风机(集团)有限公司与东北大学离岸边的MBA进修班学习，最终为以后成功奠定了坚实的基础。

在人民大会堂的颁奖大会上，她们在总结自己为什么取得如此大的成就之时动情地说道：“我们身上共同的地方就是要强、不服输，总是以积极的心态去做好工作，不断地进取。”

工作本身即是乐趣。卡耐基说：“人生的最大生活价值，就是对工作有兴趣。”在工作中，越来越多的人已经开始意识到积极心态的重要性，因为这种心态能够为他们带来巨大的正能量与工作成就。可以说，工作就是这样一个东西：当我们拥有了积极的心态，沉浸在一个美好的工作过程中的时候，我们就会懂得享受工作本身带来的乐趣，不必总是想着如何偷懒、如何让无聊的工作快点完，而是集中自己的注意力专注地去工作，从而在工作中实现自己的理想拥有一个光明的未来。

比尔·盖茨在谈及他心目中的最佳员工是什么样时，他向记者强调到：“一个优秀的员工应该对自己的工作满怀热情，当他对客户介绍本公司的产品时，应该有一种传教士传道般的狂热！一句话，就是工作要热情主动，要有拥有一颗积极主动的心。”

那么，我们该怎么做才会在工作中拥有积极的心态呢？

(1)热忱会传染，和积极向上的人在一起，时间久了你也会拥有积极的心态。

如果你总是每天都唉声叹气、怨天尤人，那么你不妨就跟那些积极向上的同事多接触接触，在他们的感染下让自己变得乐观起来，不再每天都生活在消极悲观的情绪之中。

(2)建立良好的人际关系，能够让你拥有积极向上的心态。

实际上，很多人之所以在职场上感到不快乐，总是以消极的心态去面对自己的工作，追根探底就是因为他们没有建立良好的人际关系。试想一下，当我们和同事之间无法良好相处、矛盾重重，在工作中总是互相拆台，那么我们还能够在工作中保持积极乐观的心态吗？所以，我们要想拥有积极乐观的心态，那么就必须掌握职场人际关系处理技巧，善于和同事们打成一片，在工作中形成互帮互助的良好局面，如此我们才能够在工作中尽情地释放自己的能力，并且每一天都拥有快乐的心情。

(3)从自己最拿手最擅长的事情做起。

很多的人在工作中总是比别人更快乐更富有激情，并不是因为他们的工作能力比别人强，而是因为他们总是从自己最拿手最擅长的事情做起。先从自己最拿手最擅长的事情做起，会在把工作做好的同时逐渐增强自信心与成就感，而这种自信与成就感就会成为一股很强大的原动力，使得你在接下来的工作中能够从容面对，最后让你把工作做得更好，也会让自己在每一天的工作中都能够以积极的心态去完成任务。

为此，我们可以在前一天预留下较为简单的工作，待明天一早再做。这并不表示我们在偷懒，而是为明天做一番准备。

6．快乐增加忠诚，忠诚奠定成功

如果你想在竞争激烈的职场上取得骄人的成就，那么首先要做到的，就是对企业的忠诚。维真集团董事长理查德·布兰森曾经说过:“忠诚可以说在每一层次上均占有主导地位。任何对公司忠诚的员工都能够创造出忠诚的客户来,而后者又反过来吸引了神采飞扬的股东。这说明忠诚的艺术和忠诚关系的建立是使现代企业真正有效运转的关键所在。”

华人首富李嘉诚也曾经说过:“做事先做人,一个人无论成就多大的事业,人品永远是第一位的,而人品的第一要素就是忠诚。”忠诚折射出一个人的品质与人格,折射出这个人是否是以一颗真诚与善良的心去看待这个世界。忠诚更是一种能力,而且是其他所有能力的统帅与核心,缺乏忠诚,其他的能力就失去了用武之地。

很多人之所以在工作中感觉不到乐趣,很大的一个原因就是因为他们对企业的忠诚度不够——一个对自己所在的企业绝对忠诚的人,他会想尽一切办法去做好工作,会在努力奋斗的过程中感到工作中的乐趣,从而让自己成为职场上的成功者。

因此说,快乐是增加员工忠诚度的“催化剂”,而忠诚更是为员工奠定成功的基石。因为,忠诚除了给予每个人与付出成正比的物质回报外,还会带来荣誉这一无形的资产,从而树立起个人品牌,促使个人从合格提升到卓越。

2011年,33岁的李飞参加工作已经整整十年,这十年里通过自身不断地努力和奋斗已经成为了广东一家著名电子厂的副厂长。

然而,十年以来李飞都在这一家企业工作,随着工龄的增加他对自己的工作已经越来越不感兴趣了。尤其是当上了副厂长之后,除了日常工作之外还要陪酒吃饭,这让李飞非常地不习惯,感觉工作就像是一场折磨。

2012年4月,李飞近一年来的表现引起了一位董事的不满,双方在一次董事会发生了激烈的争吵,由于双方都不让步,最后矛盾一直未能妥善处理。

8月,李飞因为和那位董事之间的关系越来越差,于是便打算辞职。可是,临辞职之时,李飞感觉自己就这样离开这家自己工作了十一年的企业,实在有点不甘心。于是,他准备跳槽到老竞争对手的公司里去,为了能够更大程度上报复企业,顺便再向新老板"表忠心"。他便想尽一切办法将公司中的重要客户名单和一些重要文件透露给新老板。更为重要的是,为了狠狠地将自己的私愤发泄出去,李飞还给当地工商和税务部门打电话,说公司的账目有问题,虽然最后没有查出什么问题,但是却给公司造成了很大的伤害。

觉得自己私愤彻底发泄出去,而且自己带给新老板的"忠诚筹码"已经足够之后,李飞便带着自己的"成果"去上班。可是,令李飞没有想到是,新老板在他上班的第一天就对他发了开除信。原因非常的具有讽刺性,新老板见他如此对待自己工作了十一年的企业后,觉得他根本就是一个不懂忠诚无法信赖的人,担心他以后也会这样如法炮制,认为在自己的公司里面安排这样一个人工作,就等于埋下了一颗定时炸弹。

更令李飞没有想到是,自己的做法很快就在行业里传遍了,这里同行业的老板们都不敢再用他了。无奈、沮丧之余,李飞只好离开广东,前往别的城市寻求发展。

从李飞的事例中我们可以看出:一个在工作中感到不快乐的人,很容易让自己对企业的忠诚度下降,尤其在工作遇到困境的时候,这样的人最先想到的就是如何让自己的利益得到满足,根本不会去考虑公司的发展前景。

一个不够忠诚的人,一般很少有人愿意与他合作。一个士兵如果战死在沙场,那么他是光荣伟大的,但是如果他依靠出卖忠诚而活着的话,那么他就是卑鄙无耻的。同样,在企业当中,如果一个员工是依靠出卖企业利益来谋取私利的话,那么他绝对是企业中最可耻的员工。

职场上的成功者们告诉我们:我们身为一名企业员工,就不能为私利而出卖公司利益,出卖公司实际上是对自己最大的不负责。请珍视我们的忠诚品质吧,那么我们工作再不快乐,我们也都能够和企业同舟共济,而且从某种意义上来说,忠诚也是我们在立足于企业的一种方式,是一种职业良心。

杜文祥是美国一家IT企业驻中国分公司的部门经理，他能力出众、口才又好，十分受上级的赏识和器重。

2004年夏天的一个傍晚，杜文祥和几个朋友去高尔夫球场打球，结果在打球的时候认识了一位同行业的台商老板。双方在打完高尔夫球之后，由于相谈甚欢便一起前往一家星级酒店吃饭。

酒过三巡之后，台商突然亲切地走到杜文祥身边来，一手搂着他的肩头说："杜老弟，我有一事相求，不知道老弟你能不能帮这个忙？"

"你尽管开口，只要是兄弟能够办到的事情，绝不含糊。"杜文祥拍着胸脯说道。

"那就好，事成之后绝不会亏待老弟的。我就明说了吧，我正在和你们公司谈一个项目。如果你能够把相关的技术资料给我，那么我将在谈判中处于主动地位。"

"什么，你竟然让我做这种事情？"杜文祥的心里十分的清楚，如果帮了他，那么公司肯定会遭受损失。

"又不是让你白白帮忙，事成之后送你一辆80万的越野车，如果不要车，直接给你现金也可以。兄弟，有钱不赚白不赚啊！"台商认真地说道。

杜文祥听了之后马上不吭声了，他心里开始犹豫不决，毕竟这是关系到他前途和命运的大事。

"没事儿，怕什么，只要我不开口，天知、地知、你知、我知，不会给你带来麻烦的。"

见杜文祥一直犹豫不决，台商接着拿出一张三十万现金支票塞进了他的口袋。最终，杜文祥没能抵挡住金钱的诱惑，决定和台商"合作"。一个礼拜之后，杜文祥便把台商所需要的技术资料秘密地交给了对方。而在后来的谈判中，杜文祥的公司蒙受了多达上千万元的损失。

自从尝到甜头之后，杜文祥便一发不可收拾，此后一直和台商保持着秘密联系。2005年，公司在第二次蒙受巨额损失之后便报案了。结果是，杜文祥破案之后被抓走，后来被关进了监狱。

从杜文祥的遭遇中我们可以看到:在现实生活中,像杜文祥这样背叛公司的员工绝不在少数,相比之下,那些能够经受住诱惑的人大多数都能够成为老板最信任的人,最终在职场上取得了不错的成就。

我们要做一个忠诚的员工,其实就是要有一种使命感,一种能把我们聚集到一起并激励我们推动企业发展,能给组织和我们自己增加价值的使命感。可以说,有了使命感一般的忠诚,我们的工作目标就不再只是为了利润,而是为了一个企业这个大集体而不断努力。所以说,忠诚能给我们带来强大的工作动力,从而让我们坚持不懈地奋斗下去,让我们为自己能快乐工作而战、为自己企业能够更好地发展而战!

另外,忠诚不是一个简单的概念,也不是单向的付出。如果我们总是对企业保持一种愚忠,只会简单地为企业效命,那么我们绝对不会感受到工作的乐趣,更不会成为职场上的成功者。因此,我们要忠诚于自己的职业与职责,只要把自己的职业当作事业去做,在做的过程中最大限度地去创造价值,那么就能够取得成功。

我们还需要明白的是:忠诚固然可贵,但不等于有了忠诚就有了一切,真正的忠诚是有能力的忠诚,是为了自己的忠诚而努力提高自己——有了忠诚的理念,我们就能以更积极的心态、更大的热情、更快乐地去工作;有了这种观念,我们就能以更正确的观念审视自己的公司,把公司当成自己事业发展的一个平台,与公司同患难、共命运。最后,我们对企业的忠诚成就的只会是我们自己。

第八章

注重落实：把工作落实到位，努力才不会变成徒劳

很多人拥有着超凡的智慧，但是只有少数具有行动力的人获得了成功。造成这种差别的关键就在于工作是否落实到位。工作没有落实，一切目标和计划都成了空话。落实是企业发展的根本保证，落实也是员工进步发展的支撑点。在落实的面前，思想并不能代替实际的行动，好的战略如果没有人去贯彻落实，也仅仅是束之高阁的方案。落实一边连着企业的长远发展，一边连着企业员工的工作质量，因此，只有把工作落实到位，才能完美地完成工作任务，这是每一个企业员工应尽的责任。

1.

努力落实到位，成功才会更近

如果落实不到位，那么再怎么伟大的目标只能是一个遥不可及的梦想；

如果落实不到位，那么再怎么周密的计划只能被人称为纸上谈兵；

如果落实不到位，那么再怎么严格的制度只能注定成为一堆无用条文；

……

落实是企业发展的原动力，落实是员工进步的支撑点。时下，流传着这样一副对联，上联是“今天会明天会会会重要”，下联是“这思路那思路路路都好”，横批是“谁来落实”。

每一项工作要想圆满完成，那么就必须狠抓落实。我们在明确了自己的奋斗目标之后，如果不努力落实，那么我们注定不会取得成功。

事实上真是如此，很多人拥有聪明睿智的头脑和过硬的技能，但是就是迟迟无法等来成功的那一天，很多看似头脑不是很聪明、技能也一般的人最终却成就了伟业，而造成这一巨大差别的关键就在于——工作是否真的落实到位。

2007年，做了一辈子铁路工人的袁富强退休了。家里人都以为辛苦工作了一辈子的他这下子能过上清闲安逸的生活了。可是，出乎家里人意料之外的是，袁富强又找了一份仓库保管员的工作，因为他觉得每天闲着实在是太无聊了，况且自己身体还很不错,找份工作还能够为子女减轻点负担。

起初,儿子和女儿都不同意袁富强出去工作,但是在听说只是每天做一些关好门窗、按时开关灯之类的小活之后,便都同意了。可是,在铁路上认真负责了一辈子的袁富强在干上这份工作之后,依然十分的认真负责,每天在做好自己的本职工作之外,还将货物码放得井井有条,尤其是对仓库的防火工作做得十分到位。

2010年的时候,工厂举办成立二十周年庆功会。令袁富强没有想到的是,厂长不但在庆功会上表扬了他,还按照老员工的标准给他发放了一万元的奖金。

袁富强领到了一万元的奖金,这让很多的老员工在感到意外的同时也感到非常得不满。一位老员工在会后直接找到厂长,质问他们老员工的奖金怎么跟一个临时仓库保管员的一样多。

厂长给这位老员工的答复是:"你知道我这三年来去仓库里检查过几回吗?就两回,一次是在老袁来的第一个月,一次是去年春节的时候。这不是说我没有把工作做到位,其实我一直非常了解咱们厂仓库的保管情况。在老袁来之前,咱们的仓库里丢过多少东西,发生过好几起火灾,可是老袁来了三年,仓库里没有丢过一件东西,更没有发生过一起火灾,他能够三年如一日地去做好自己的工作,把自己的岗位职责落实到位。比起一些只说空话而不落实的老员工,老袁不应该得到这份奖励吗?"

从袁富强的事迹中我们可以看出:每一个人要想取得成功,都需要努力把工作落实到位;每一个人可能在能力、学历、资历上有所不同,但是只要都能够努力去把工作落实到位,就能够赢得别人的尊重。

任何事情计划得再好,不如现在卷起衣袖开始做。职场上,我们所取得的每一项成绩与荣誉都是落实到位结出的"硕果",而那些失败的结果很多都是落实不到位的后果。因此,有人说:"工作部署有千招万招,不抓落实也是没招;规章制度有千条万条,不抓落实也是白条。"

由江苏卫视和中国教育频道联合打造的《职来职往》是现在非常火爆

的一档电视招聘类节目。《职来职往》每期都有十八位企业高管作为评审，这些高管们不但有着丰富的职场经验，而且还有着非常深刻的职场奋斗理念，很多人都在这档节目中谈到过自己对落实的理解。其中，智立方的杨石头是这样说的：“无论是工作还是做人，傻子才用嘴说话，聪明的人用脑子说话，智慧的人用心说话。用心都是良苦的，需要真正付出辛苦和汗水，需要用事实来证明自己的能力和忠诚。而嘴巴上的承诺只能换来一时的信任和赞扬，若不付诸行动，那种承诺也只能带给你职场路上的不幸。”

很多的人在职场上久久等不来自己梦想的成功时刻，很重要的一个原因就是因为他们没有把工作落实到位。所以，对于他们来说，就应该时刻谨记“努力落实到位，成功才会更近”的道理——只有我们在工作中少说多做，认认真真把领导交给自己的各项任务彻底完成，才能够赢得领导的信任和成功的机会。

2. 有能力不落实，永远不会成功

实干就是能力，落实就是水平；有能力不落实，永远不会成功——我们身边永远都不缺乏憧憬成功的人，可是真正实现自己梦想的人却寥寥无几；我们很多人都认为自己有过人的能力、足够的时间、伟大的梦想，可是没有认真的落实精神，就永远不会取得成功。

国美集团高级顾问赵建华说：“将任务落实到底，这个工作信条无论是在个人职业生涯中还是在企业发展过程中都发挥着不可估量的作用，无论个人还是企业，想成功就必须把落实到底当成一切行动的准则！”

可是，我们在现实工作中总是能够看到很多“有能力的平庸者”，他们有着出色的工作能力但却总是表现平平。究其原因,就是因为他们不注重落实,而且因为能力出众更容易恃才傲物、好高骛远,总是认为自己能力出众只要稍微用点心就可以了,结果他们永远活在自己为自己营造的心理优势下,一直都是距离成功最为遥远的人。

20 世纪 90 年代末,有媒体曾经做过一份学历和财富之间的调查,最终的调查报告显示:改革开放以来,最先富起来的那一部分人当中,第一学历是大专文凭的只占不到 25%,而那些先富起来的人都有一个共同的特点,那就是其自身都有着很强的落实能力。事实上,成功不仅仅是依靠能力和学历,它更多的时候是需要我们认认真真地把每一件事情都落实到位,只有我们把自己的聪明才智都彻底地发挥出来,用成绩去证明自己的能力之时,成功自然会实现。

杨秀兰是陕西建工集团五公司油漆作业队队长,她从 1999 年起,带领 100 多名下岗女工从零做起,最终让自己的油漆作业队成为了陕西建工集团业绩最好的作业队。

1999 年,杨秀兰下岗之后来到陕西建工集团五公司的一个油漆班上班,从上班的第一天起就比别的人更努力地付出,因为她觉得自己找到新工作不容易,如果不努力不认真落实怎么能够在新岗位上长远地干下去呢?

这年秋天,杨秀兰因为工作表现出色,被提升为油漆班班长。当时,企业效益普遍很差,各个企业之间相互拖欠,"三角债"现象非常严重。一次,杨秀兰所在的油漆班欠了一个商店 900 元的油漆款,商店的老板上门来催讨,杨秀兰就去找单位领导拿钱。当时,领导一边给杨秀兰拿钱,一边开玩笑说:"别总是追着我要钱啊,跟自己人要钱没本事,有本事把别人拖欠你们的钱要回来啊!"

说者无心,听者有意。杨秀兰知道外面欠款有很多,于是就主动去找自己干过活的那几家企业要钱。结果,出乎所有意料之外的是,公司整整讨要了两年多的欠款,杨秀兰用了不到两个礼拜的时间就都要回来了。原来,杨秀兰要账跟别人要账不一样,她每天就跟上班一样去那几家企业要钱,最后那几家企业被她给催急了，都把钱给她了。

这下子，杨秀兰成为了领导眼中的"要账能手"，公司专门把她抽调出来去要账。此后的半年时间里，她为公司收回来的欠款就有好几十笔。领导问她为什么能要回这么多钱来，她的回答是："要钱就像工作一样，只要你抱着落实到位的精神，他们自然就会把钱给你了。"

后来，陕西建工集团五公司实行管理与劳务两层分离，成立了劳务分公司管理生产工人，其中把120多名下岗和转岗的油漆女工组成油漆作业队，而表现出色的杨秀兰自然被领导任命为油漆作业队队长。

当时，那些下岗女工都不会做油漆工作，杨秀兰就手把手地教她们，并告诉她们只要有了落实精神就能够很快学会，成为一名熟练的油漆工。可以说，杨秀兰的做法是卓有成效的，这些女工在短短的半年里都掌握了油漆工的技能，她们先后承接了钟楼饭店等很多大型工程的油漆作业，成为了公司里效益非常不错的作业队。

从杨秀兰的事迹中我们可以看到：一个成功者的最核心素质不仅仅是拥有很强的工作能力，还要有能够将工作圆满完成的强大落实精神。可以说，这也是每一个人能够在竞争激烈的职场上生存下去的主要因素之一，因为工作成功的实质就是我们把自身的经验、智慧和能力彻底地发挥出来，依靠自己的干劲、韧劲和钻劲去解决问题赢得最后的成功。

此外，在职场上，如果做事情的时候总是想着随便搪塞过去，不想着落实到位，那么就会让竞争对手赢得先机，让自己处于非常被动的地位，使得成功的天平向对方那边倾斜。所以说，我们要想从竞争对手的手中攫取成功机会，那么我们就必须要比竞争对手多一份落实精神。

3. 落实到位从勇于负责开始

一个民族如果缺少勇于负责的精神，把民族富强的责任不能落实到位，那么这个民族就不会崛起；一家企业如果缺少勇于负责的精神，不能把企业发展责任落实到位，那么这个企业就不会发展壮大；一个人如果缺少勇于负责的精神，不能把自身的责任落实到位，那么这个人就永远不会取得成功。

正如谚语所说："天下大事必作于细，古今事业须成于实。"可见，欲成大业者，必须把责任落实放在第一位。

有人说，21世纪是注重责任落实的时代，因为，谁能够真正地把责任落实到位，谁就能够成为最后的赢家。我们在竞争激烈的职场上总是能够听到"责任重在落实"这几个字，可是谁又体会到这几个字字字千钧的感觉。所以，不论你是高学历的知识精英，还是普普通通的一线员工，都应该认真负起自身承担的责任，真正把工作责任落实到位。

落实责任，从勇于负责开始，因为只有我们勇敢地承担自身的职责，才能够把工作当成事业去做。责任，对于每一个人来说都是一种与生俱来的使命，它伴随着每个人从小到老——从我们出生到我们离开这个世界，每时每刻都要履行好自己的责任，对家庭的责任、对工作的责任、对社会的责任……

欧阳慧梅，一个年轻的八零后女孩儿，中专毕业之后在上海一家建筑公司做设计员，她也是设计部的唯一一名女员工。因为工作的关系，欧阳慧梅要经常跑工地、看现场，还要为不同的客户修改工程细节，可谓十分的辛苦。

虽然设计部只有她一个女性，但是她从来不会逃避自己的职责，而是勇于担负自己的工作职责，不管是爬楼梯到32楼去看户型，还是到一片荒地的工地上去勘测，她从来都是二话不说就去落实工作任务。

在欧阳慧梅初入设计部不久的一天，一位很熟的客户突然找上门来，说有一个很着急的活要赶出来，时间只有三天。老板跑到设计部来问，看谁愿意接下这一单活，帮老客户一个忙。可是，在听完老板的话之后，大家都开始找理由来推脱这个工作。这个时候，欧阳慧梅勇敢地站了出来，表示自己愿意完成这个工作。

在接到工作任务之后，欧阳慧梅马上就叫上公司的司机去看现场，然后开始工作……此后的三天里，她都把自己关在公司的一个休息室里整日对着电脑工作，饿了就叫个外卖，累了就在沙发上躺一会儿。实在没有好点子的时候，就去找设计部的几位经验丰富的老员工去商量。

三天之后，双眼布满了血丝的欧阳慧梅准时将设计方案交给了客户，而且得到了客户的肯定。

自从这件事情之后，欧阳慧梅就成为了公司里的“红人”，不久，就被老板提拔为设计部副主管，工资也翻了好几倍。老板更是多次在公司开会之时表扬欧阳慧梅：“我希望大家能够像欧阳慧梅学习，要勇于负责，注重落实，如此才能够成为公司的骨干，得到更好的薪酬待遇。”

从欧阳慧梅的事例中我们可以看出：只要我们是一个勇于负责、注重落实的好员工，那么我们肯定能够得到公司领导的器重，获得公司领导的信任，从而为自己在职场上取得骄人的成就奠定坚实的基础。

在世界500强企业当中，“勇于落实责任”一直是被强调的第一工作理念和价值观，同时也是企业要求员工们必须具备的第一行为准则。一个只有对自己负责也对工作负责的人，才能够成为真正的成功者。微软集团创始人比尔·盖茨曾经说过一句这样的话：“如果你有很强的责任感，能够接受别人不愿意接受的工作，并且从中体会出辛劳和乐趣，那么，你就能够克服困难，达到他人无法达到的境界，并得到应有的回报。”

可以说，当我们在工作中具备了勇于负责、认真落实的精神之后，我们就会把工作当成人生中最神圣而伟大的事业去做，会用自己的生命去为工作负责，让自己的人生活出绚丽的色彩。所以，有一句话这样说："如果你敢于对工作负责，能够把工作落实到位，那么你就是生活在天堂里的人；如果你不敢负起工作之责，总是不想着去认真落实，那么你就是生活在地狱当中。"

所以说，我们要想在工作中拥有超强的落实能力，那么我们就必须从勇于负责开始。

4. 建立岗位责任意识，增强贯彻落实能力

要想成为职场上的成功者，那我们就必须建立岗位责任意识，增强贯彻落实能力。

责任对于我们每个人来说都至关重要，因此我们不仅要增强责任意识，还要将责任落实到工作实处，如此才能体现出它应有的价值。然而在现实职场中，很多人却是当着领导的面是一套，背着领导则又是另一套。对于这类员工来说，他们根本无法理解责任二字，更不要说贯彻落实了，这也将决定了他们的职业发展将十分有限。

其实，每个人都非常清楚自己的岗位责任，因为至少我们还可以看到企业的相关规定。但是真正将这些规定视为自己的责任，并切实落实到每项工作中，却不是每个人都可以做到的。简单来说，岗位职责的落实能力包括落实意识、落实决心和落实方法等，在我们的职场工作中，这些因素缺一不可。

很多人把责任落实想象得太过简单，认为那仅仅是一个落实的决心而已，只要态度坚决，行动果断，就可以最终完成。事实上，这种想法虽然没有大错，却并不全面，如果我们具有实际的工作经历，就会发现责任贯彻其实是一件非常复杂的事情。它不仅包括我们对责任落实的决心，还包括我们落实的方法和手段等，总之要想尽所有办法。由此我们可以得出结论，责任意识的建立，仅仅是我们进行职业修为的第一步，贯彻落实才是关键。而且如果我们能够将责任切实贯彻，也能够反过来进一步增强责任意识，从而使自己的职业发展进入一个良性循环。

与此同时，企业对于员工责任意识和执行能力的建设，也应该起到一些积极的引导和监督作用。首先，企业领导和管理层要以身作则，为所有基层员工做出模范带头作用，绝不能出现企业领导带头违规，甚至知法犯法的行为；其次，企业要制定泾渭分明的奖惩制度，并且切实执行到位，对于员工的正面行为要及时嘉奖，起到模范作用；负面行为则必须立即惩处，起到杀一儆百的作用；最后，企业要为员工提供成长机会，调动其主动挑战和主动担责的工作意识。

肖冰是深圳市罗湖区人民医院的试用期医生，由于大学期间成绩优异，医院领导对他寄予了很大希望。而肖冰也用认真负责的工作态度得到了大家的广泛认可，尤其是他对于病人健康的那份责任感，让很多老医生都自叹弗如。

2012 年 5 月，肖冰的试用期进入最后阶段，医院对他的考核也随之到达尾声。按照医院安排，肖冰参加了一次大型手术，并且在手术中承担协助医生开刀，以及缝合手术创口的任务。对于能够得到这样一次工作安排，肖冰是有喜有忧的，忧的是他知道自己工作能力有限，对于顺利完成工作任务并无十足把握。喜的是这次机会实属难得，如果能够圆满完成任务，他便能够顺利转为医院的正式职工。

为此，肖冰对这台手术进行了充分准备。随着病患的全身麻醉，手术也很快宣布开始，经过紧张有序的数小时忙碌，手术终于接近尾声，肖冰也开始准备为病患缝合创口。但是正当肖冰准备动手的时候，忽然发现回收的器械数目不对，经过仔细查验，以及对操作记录的审核，他最终确认了一把手术刀没有回收。

当时，医疗事故经常发生，肖冰想到几次电视报道，立即意识到这把手术刀可能被主刀医师落在了患者肚子里。于是，肖冰立即向主刀医师说明了此事，不成想主刀医师根本不理他，并要求他只要完成好自己的缝合任务就行。见主刀医师如此反应，肖冰怒上心头，他高声打断所有人手上的工作，要求主刀医师向大家说明此事。

主刀医师为此也愤怒了，他告诉肖冰出了问题由自己负责，并再次让肖冰立即缝合创口。面对这种情况，肖冰丝毫不做让步，继续要求主刀医师寻找那把手术刀，并表示如果找不到的话，手术就不能结束。如此一来，大家的目光都集中在主刀医师身上，但这个时候的主刀医生却忽然笑了，然后他从袖子里取出那把手术刀递给肖冰，并对他的表现作出了高度肯定。

实际工作中，责任绝不可推卸，一个细微的疏忽，很可能会造成致命的后果。为此，我们必须在工作中保持高度负责，绝不放过任何一个可能造成责任事故的隐患，如此我们才能够更好地落实工作，更快速地走向成功。但是，成功并不是员工一个人努力就可以的，我们还应该要求公司也做出相应的努力。一般来说，公司应该在增强员工岗位责任意识、提升员工落实力之时，要做好以下几个方面：

(1) 增强员工团队意识，培养员工全局观念。所谓“不谋全局者，不足谋一域”，我们在打造自己的工作团队时，必须要让所有员工都能够顾全大局，否则就会丧失团队的竞争力，最终难免遭遇惨败结局。再者，就是培养员工的团队合作意识，因为只有企业的内部环境和谐了，员工的成长才能处于一个良好的环境。而且在市场竞争过程中，如果没有团队的精诚团结，企业的集体利益也将失去保障。

(2) 建立明确制度，严肃公司纪律。国家法律神圣不可侵犯，任何人都不能凌驾于法律之上，否则法律就会失去应有的约束效力。同样，对于一家企业来说，规章制度就好像法律对于国家的作用一样，所以，如果有人违反了企业的规章制度，必须进行严厉处分，绝不姑息养奸。当然，企业的规章制度必须分清责任，切忌出现责任不明的规章制度，以避免给一些不负责任的员工造成可乘之机。

(3) 打造公司文化,统一员工思想。对于一家成熟的大型企业来说,如果所有的人事关系都依靠规章制度来维护,那么不仅需要大量的监督力量,而且往往会收到适得其反的效果。这就要求企业必须打造出浓郁的文化,让员工对企业生出高度的认同感和归属感,从而使他们积极主动地去遵守企业规定,而不是迫于企业监督的压力而被动遵守。如此一来,企业不仅可以省去大量的监督消耗,还可以让员工把企业的利益当成自己的利益,从而完成共同的发展和进步。

除了公司所应该付出的努力之外,我们员工也应该做到以下几点:

(1) 制定明确的发展目标和计划。来源于外部的压力,只能促使我们一时的努力,发自内心的成长企盼,才能让我们坚持不懈。这就需要我们进行长远的人生规划,然后按照既定的发展路线去努力,这就如同灯塔对于航海的重要性一样,总能够在我们感到迷惘和困顿的时候指引我们前行。更重要的是,在这份人生规划的促使下,我们能够时刻感受到来自内心的压力,从而担起工作岗位上的每一份责任。

(2)培养实事求是的强干精神。"实事求是"是毛泽东思想的核心原则之一,作为一项哲学指导原则,对于我们职场中人的个人修为同样适用。无论对于谁而言,一旦脱离实际,都会做出错误的判断,如此必然面临最终的失败。为此,当我们建立了科学合理的发展计划后,必须一步一个脚印,踏踏实实地去完成工作任务,切忌好高骛远和眼高手低。对此,我们必须做到先贤所训导的那样"每日三省吾身",因为脱离实际就如同饮酒一样,只有知道醉的人才能避免喝醉,如果觉得自己没醉,那很可能就已经是醉了。

(3)不断学习,持续进步。所谓"学无止境",如果我们在职场生活中觉得自己没有什么好学习的了,那么也就相当于承认自己没有进步空间了,职业发展也必定从此定格。然而从实际角度来看,市场竞争处于不断变化之中,企业内部运转也绝非恒久不变,因此如果我们想要提升自己的职场地位,学习是时时刻刻都不能忘记的。而且所谓学习,不仅是学习新知识和新技术,还要积极主动地去学习新观念,借此不断拓展思路,提升自我,不断增强自身的落实能力。

总而言之,只有当我们能切实做到这些,才能建立自己的责任意识,并且能够切实将责任贯彻到实际工作中,最终让自己成为职场上的成功者。

5．把工作落实到位的人都是用心的人

得不到老板器重的你,有没有问过自己是不是一个用心去落实工作的人?

得不到同事关注的你,有没有问过自己是不是一个用心去落实工作的人?

得不到机会青睐的你,有没有问过自己是不是一个用心去落实工作的人?

得不到更大舞台的你,有没有问过自己是不是一个用心去落实工作的人?

得不到优厚薪酬的你,有没有问过自己是不是一个用心去落实工作的人?

得不到别人赞扬的你,有没有问过自己是不是一个用心去落实工作的人?

……

华人首富李嘉诚说过:“一个用心工作的员工,我们应该发给他双倍的薪水。”从这句话中我们可以领悟到:用心工作是把工作落实到位的前提,如果你在工作中不用心,那么你绝对不可能把工作需要完成的每一个环节都做好做到位。

在现代企业中,只有用心工作的员工,才是企业真正需要的人。一分耕耘,一分收获,用心做事就会得到回报,不用心做事就什么也得不到,这是亘古不变的道理！

所以，对于那些在职场上渴求成功的人来说，就应该用心工作，努力地去提升自身的落实能力。

谈起台塑集团创始人王永庆，相信很多人都非常地熟悉，因为他是白手起家一步一步取得成功的典范，被无数人树为自己的创业偶像。

1931年，年仅15岁的王永庆离开家庭独自踏上了前往嘉义的路途。当时，嘉义是台湾最繁华的商业区，很多人都前往这里实现自己的“淘金梦”。王永庆在亲戚的介绍下，很快就在嘉义找到了一份为米店卖米的工作。

成为米店的小伙计之后，王永庆非常努力地工作，凡是老板交代给他的事情都用心去做，每一次都能够把老板交代的事情圆满完成。虽然，当时他每月的工资只有少得可怜的40元台币。可是，他从来没有想过放弃另找份工作，而选择尽心尽力地去完成。

由于在米店一直用心工作，王永庆渐渐学到了老板经营米店的方法。于是，他在用心工作的同时，也开始注意存钱，准备自己也开一家米店。

一年之后，攒钱攒得差不多了的王永庆再从朋友那里借了一些钱开了一家小米店，他的人生转折点也因此而来临。在成为小米店的老板之后，王永庆在为顾客服务的时候非常用心，从来不会少给顾客称一些米，更不会把发霉的米或者沙子掺到好米中间去卖。

就这样，王永庆的米店逐渐开始成为当地小有名气的米店，他的生意也越来越好。几年之后，王永庆开始涉足木材等行业，生意越做越大。20世纪50年代初期，王永庆大胆地接下了一个被很多人不看好的投资项目，生产聚氯乙烯，成立了台湾塑料工业有限公司。

当时，好多人都问王永庆，生产聚氯乙烯风险挺大的，你接单这个项目不怕赔吗，王永庆的回答是：“做任何事情都有风险，但是只要你用心去做,就算失败了也不会后悔。"如今,"台塑"已经成为了全台湾最大的民营企业之一,资产规模达到了惊人的148320亿元,王永庆更是被称誉为"台塑大王"、"台湾经营之神"。

从王永庆的事迹中我们可以看到:一个穷苦人家出身的年轻人通过自己的不懈努力,用心地去做好自己的工作,就有可能成为商业巨子,实现自己的人生理想。

做任何事情,只要你用心去做,一定能把它做好,如果不用心去做,那肯定是做不好的。用心去做事,读起来简单,写起来也简单,但是做起来呢?毫无疑问,用心工作真正做起来并不容易。所以,很多人总是嘴上说着要用心工作,可是实际上总是去搪塞工作,做工作总是追求"差不多",从不追求卓越,而这样的人注定是永远不会取得成功的。

用心工作,不但能够让我们把工作干得更加出色,还能够让我们变得更加优秀。因为,用心工作的人不但能够积极面对工作中的每一次挑战,还能够以超强的落实力把工作做到完美。

所以说,我们要想让自己拥有超强的落实力,就必须先让自己成为一个能够用心去工作的人——一个没有用心工作的人,在人生的舞台上永远只能扮演一个不起眼的角色;只有用心去工作的人,才能够成为职场大舞台上最闪亮的明星。

6. 懂得服从:服从是落实的灵魂

一个不懂得服从的员工,注定无法成为一个优秀的工作者。

一个不懂得服从的员工，注定无法成为一个出色的执行者。

一个不懂得服从的员工，注定无法成为一个伟大的成功者。

……

没有服从，工作就不可能落实到位。

现如今的职场上，落实力较低已经成为了很多人在工作中无法取得成功的最主要因素之一。而这些人之所以落实力不够强，一个很重要的原因就是因为他们不懂得服从。如果一个人总是不服从命令，跟领导对着干，那么他肯定不会把工作做成领导要求的样子，更别提让领导满意了。

因此，我们就必须明白：如果要想在竞争激烈的职场上一直能够得到领导的信任与器重，长期保持强大的竞争优势，关键就在于我们懂不懂得服从的重要性，因为服从是增强落实力的最强效的"催化剂"。

有位公司老板讲起自己的一段职场经历："那个时候，我还是一个刚刚从大学走出来没有多久的小年轻，以优异的成绩考进省级事业单位工作。因为自己的起点比较高，所以我当时豪情万丈，一心只想着如何让自己前程似锦。"

"谁知道，一进单位我就坐上了冷板凳，几乎每天都接不到什么重要的工作，全部是一些不太重要的繁琐小事。干了半年之后，我觉得工作真是太枯燥了，整天无所事事，逐渐开始养成了敷衍塞责的坏习惯，领导交给我的任务总是不能落实到位。不过，因为都是一些小事情，领导也不怎么批评我。"

"有一次，单位要开一个会，整个单位的同事们都非常的忙碌，可是我却依旧很清闲，因为我分到的都是小事儿，几下子就弄完了。那些天，我整天就看着同事们忙得热火朝天，自己端上一杯茶，选个靠窗户的桌子坐着看报纸。可谁知道，会议还没有结束，领导就把我批评了好几回，原来是我做的那些小事儿都没有做好，不是文件没有装订，就是给领导用的杯子没有洗干净。"

"那时候年轻气盛，领导批评了我，我还感觉非常的委屈，于是开始跟领导对着干，领导给我命令我很少服从。有件事儿我记得特别清楚，他叫我去把打印机装好，结果我直接把打印机给搬到单位的旧物品储存间去了,领导生气地问我为什么这么干,我没好气地说我听错了,气得领导差点儿直接给我两个大嘴巴子。”

“就这样过了一段时间,我觉得再在这里混下去也没有啥大用,那时候流行辞职下海,我也这么干了,结果是进了私营企业之后都没有工作三个月以上的,为啥?因为咱不服从领导呗,工作不能落实到位呗,那段日子可过得真艰苦。最后,还是有一家公司招聘了我,我进入这家公司之后,再也没有不服从领导过,领导说的话就跟圣旨一个样,没有不落实到位的,最后,就是在这家公司我干到了中层管理者,为自己以后创业打下了基础。”

从这个案例中我们可以看到:如果一个人在职场上不懂得服从,不能够把工作落实到位,那么他就会吃很多苦头,更别说取得一番骄人的成就了;如果一个人在职场上懂得服从,能够认认真真地把工作落实到位,那么他必定会在职场上干出一番事业来。

服从是热爱本职工作的体现,更是一种职业精神的体现。服从是我们在通往成功的道路上迈出的第一步,如果这一步迈不好,那么其他的步骤根本无从谈起。

服从,在拉丁语中最初的含义是“张开自己的耳朵聆听”。它要求人们聆听并遵守神的旨意、人间的道德、行事的规矩和在自己之上的人。在拉丁语的解释中,服从象征着秩序和力量,是成功的前提。

我们在工作中不是自己想怎么样干就能够怎么样干的,它要求我们按照公司的安排去做,需要我们对领导的绝对服从——如果我们凡事总是不听领导的,按照自己的想法去做,那么就可能给公司带来巨大的损失;如果我们凡事总是不听领导的,按照自己的想法去做,那么我们付出的再多也不会收获多大的“硕果”。

因此,如果我们要让自己早日取得成功,拥有超强的落实能力,那么我们就必须竭尽全力让自己成为一个优秀的服从者。

7. 永远追求结果，真正落实到位

为什么你付出的比别人多得多，但是你得到的成功却比别人少得少？为什么你付出的比别人多得多，但是你拥有的荣誉却比别人少得少？

……

事实上，之所以会出现这样的结果，一个很重要的原因就是因为我们缺少结果意识，没有把工作真正落实到位——再多的苦劳也不会变成功劳，要想取得成功就必须追求结果意识。

二十岁的李小霞进入了一家大型服装企业工作，由于她学历高，人又长得漂亮，因此很受领导和同事们的欢迎。但是，李小霞在实习期结束之后，却主动要求做一名杂工。可以说，李小霞的要求让领导们非常地吃惊，不过领导们还是答应了她的要求。

在工作期间，她总是十分认真地去落实领导交给她的每一项任务，并且利用自己的休息时间对公司的发展情况做了一次非常全面的了解。

李小霞知道，一件衣服从选材到成为成品要经过十几道工序，而每一个工序都有着不同的要求。所以，她在工作期间，总是特别地留意别人都在做什么，并且主动去了解各个部门的实际情况。当别人问她为什么不到管理部门去工作的时候，她这样说道："我现在对这个行业的了解只是一知半解，很多的工序我都不是很清楚，如果让我去做管理，那么我能够为企业创造多少成果呢？恐怕，我不会给企业带来多少成果，还会带来很多的恶果。"

就这样，李小霞在干了一年半杂工之后，已经掌握了每一个部门的工作流程，熟悉了每一个工序环节。这时候，李小霞向领导提出了新的要求，要求自己去做一个领班……

在成为了领班之后，李小霞在工作中勇于开拓、积极负责，在落实工作的过程中总是以结果为导向，为此她所带的班组比其他班组的效率要高出许多。由于李小霞的业绩十分的突出，领导开始不断地提拔她，让她待在更重要的工作岗位上。

现在，李小霞已经成为了这家服装企业的一名高管，而且被领导视为未来的总裁人选。

从李小霞的事迹中我们可以看出：只要在工作追求结果，落实工作的过程中以结果为导向，那么就能够让我们在职场上春风得意，成为一个人人羡慕的成功者。

我们现在必须明白：这是一个以结果论英雄的时代，如果我们想要获得高薪水、高职位，那么就必须懂得拿结果来说话，用结果去证明自己是优秀的，用结果去证明自己对于公司的重要性。

不想当将军的士兵不是好士兵，不想多创造好结果的员工也不是好员工。所以，当我们在职场上遭遇“冷板凳”的时候，千万不要抱怨领导不能慧眼识人，更不要丧失了继续努力奋斗的动力。而是应该不断地去提升自己的自信心和各项技能，走出“没有功劳也有苦劳”的心理误区，并且增强结果意识和落实力，凡事用优秀的业绩去说话，这样就能够让自己走出职场困境，早日成为一名纵横职场的优秀工作者。

8. 努力落实就要做一名自动自发的工作者

常言道："世上无难事，只怕有心人。"工作也不例外，当我们自动自发，全身心地去投入到工作中去的时候，就一定能够拥有超强的落实能力，把工作做到更好。很多人在职场中总是有各种各样的困惑和抱怨，精神状态不佳，工作效率低下，抱怨老板严格，抱怨工作繁杂……其实，要想改变这一切，首先要改变自己，让自己成为一名自动自发的优秀员工，就能够走出职场困境。

美国总统乔治·布什曾说过这样一句让人感慨万千的话："我寻找那些自动自发，把信带给加西亚的人，希望他们能成为我们当中的一员。那些不需要监督并具有坚韧正直品格的人.才能真正改变世界。"那些成功人士很早就明白，凡事都应该积极主动，并且对自己的行为负责、努力去落实。

因为，没有人能保证你成功，只有你自己；也没有人能阻挠你成功，只有你自己。

1992年，正在上海外国语大学上学的卫哲到万国证券公司去打工。一天，卫哲一上班，上司就交给他一份年报让他翻译，外语水平很高的卫哲以最快的速度将这份年报翻译好交给了上司。谁知道，万国证券公司的总裁管金生看到卫哲翻译的年报之后，立刻要求见见这位年轻人。

管金生在和卫哲进行了一次面谈之后，觉得这个年轻人非常的不错，于是便让其做自己的秘书。

给有着"中国证券业之父"之称的管金生做秘书，这是卫哲做梦都没有想到的事情。于是，在上班之后，卫哲表现得比其他秘书都要勤奋，经常是自动自发地去工作。刚开始，管金生只是让卫哲做翻译年报、剪剪报纸等琐碎的工作。可是，卫哲却把这些工作当作大事去做，下足了工夫——他会留心哪些是总裁看过的年报或报纸，然后从这些年报或报纸中找出重要的信息整理出来，一旦老板有什么需求他能够马上就拿出来，这些事情都是管金生没有要求他做的。

经过一段时间的观察之后，管金生意识到：如果继续让卫哲做这么些琐碎的事情，那绝对是屈才，因为他是一个能够积极主动去工作的好员工。不久之后，年仅24岁的卫哲就成为了万国证券公司资产管理总部的副总经理，成为当时国内证券界最年轻的副总经理。

从卫哲事迹中我们可以看出：成功需要我们自动自发、尽职尽责地做好自己的工作，只要坚持这样做了，收获最大的必然是我们自己——自动自发的员工最受欢迎；自动自发的员工最容易成为职场上的成功者。因为，这样的员工，不需老板交代就能将事情做好；这样的员工，才是每一个团队迫切寻找的人；这样的员工，就是每一位老板愿意重用的人。

畅销书《致加西亚的信》一书中这样写道："我钦佩的是那些不论老板是否在办公室都会努力工作的人，这种人永远不会被解雇，也永远不会为了加薪而罢工。如果只有老板在身边时或别人注意时才有好的表现、卖力工作，这样的员工永远无法达到成功的顶峰。"

自动自发是一流员工始终坚守的高效行为准则，因为它能够大大提升员工们的落实能力。所谓的自动自发，就要求我们在没有人监督的情况下，能够心甘情愿地、积极主动地去完成自己的工作。自动自发的工作态度是一种可贵的态度，因为它表明员工总是在为企业而努力，每一件事情都会以企业的利益为出发点，总是在尽心竭力地为企业创造更多的利益。

因此说，我们要想把工作变成事业，在挑战与机遇并存的职场上赢得挑战抓住机遇，那就必须让自己成为一个自动自发的人，以超强的落实能力为自己赢得一个光明的未来。

第九章

感恩的心:让努力在感恩中凝结为成功的硕果

感恩的品性具有照亮宇宙的魔力,感恩的品质能够铸就职场永久的丰碑,感恩的处世具有海阔天空的舞台。这就是感恩成就高度的意义所在。当你学会感恩的时候,就会明白工作的初衷是为企业提供最好的结果,而最终成就的却是自己。心怀感恩,努力工作,才能获得自我的成长,增加自己的事业筹码。把感恩当作一种工作的态度,才能挖掘出自己无穷的潜力,成为一个受欢迎的人,进而开启自己事业的成功之门。

1. 拥有一颗感恩的心，努力把工作做到更好

大多数的成功人士都是依靠自己的努力和拼搏才取得成功的。但是你知道不知道，几乎每一个成功人士都接受过别人的许多的帮助。一旦确定了自己的奋斗目标，并且为之付诸行动之后，你就会在不经意之间得到很多人给你的帮助和支持，你必须要学会感激这些帮助过你的生命中的贵人，也要感谢上天对你的眷顾。

感恩是一种深刻的感受，心怀感恩的人能增加自己的个人魅力，挖掘出自己的无穷的力量和智慧，如果能怀着感恩的心对待工作，你就会变得快乐，成为受欢迎的人。

当你接受了同事的帮助，得到了领导的表扬时，多说"感谢你"这类的话，用努力的工作来报答领导和企业给予你的机会。只有心怀善意，心存感激去对待身边的人和事，才可能得到外界对我们的正面的回应。其实，即使是那些伤害过我们，带给我们疼痛的人，我们也应该以感恩的心去对待，因为正是他们让我们对这个世界有了新的认识，让我们学会坚强，懂得用感恩的心去驱逐伤害。

如果能够以感恩的心对待工作，对工作心怀感激，珍惜工作，那么工作对你来说就是天堂；相反，如果总是对自己的工作不满，不珍惜现有的一切，那么你的工作就会像地狱一样痛苦。对于大多数人来说，人生的大部分时间都是用来工作的，也就是说，对待工作的态度很大程度上决定了你生活的质量。尤其是在竞争十分激烈的社会中，拥有极强能力和很高学历的人不在少数，然而真正能够出人头地的却凤毛麟角。实际上，在聒噪繁杂的社会里，最终能够脱颖而出的出色的人才并不一定具备多高的才能，他们与普通人的最大区别只是，他们懂得感恩。只有让自己做一个懂得感恩的好员工，努力把工作做到最好，才能赢得人心，让你的工作如鱼得水，无往不利。要知道，一个拥有卓越才能的员工是企业需要的人才，但是一个怀有感恩的心的员工却是企业最看重的。如果能够既拥有才能又懂得感恩，那么这样的员工将是企业可以委以重用的优秀人才。

李亚晴是一名四十出头的仓库保管员。仓库保管员的工作十分辛苦，以李亚晴的年纪来说，想要做好这份工作实属不易。除了要经常加班加点，搬运清点货物，还需要懂电脑知识。对于李亚晴来说，这更增加了工作的困难。

刚来到公司时，李亚晴对于操作电脑方面的知识一窍不通，使用电脑、输入数据等工作对她来说是一个很大的难题。但是，要强的她并没有因此而退却，她利用休息的时间，早出晚归学习有关电脑的知识，遇到不会的地方还谦虚地向比她年轻的同事请教。她为了尽快掌握电脑知识，胜任这份工作，主动购买了电脑方面的书，并坚持阅读。

其实，李亚晴之所以这么努力刻苦，是因为她深知工作的来之不易。她知道有很多比她年轻、学历高的人可以接替她的工作，为了保住自己的“饭碗”，就必须比任何人都踏实努力。因此，她非常刻苦。虽然那段学习的经历十分艰难，但是她还是坚持了下来，并最终掌握了电脑知识，顺利地胜任了工作。不仅如此，她还能帮助新员工，给他们做培训。

李亚晴并没有甘于现状，通过不断地努力学习，她还考取了会计证书，并且利用会计知识兼任了考勤工人、结算工资的工作。虽然这些并不是她的本职工作，但是李亚晴同样做得十分努力。为了不漏算、错算工人工资，每次结算工资时，她都会将企业200多名工人的工资仔细地计算三遍才放心。因为足够细心和努力，李亚晴的工资结算从来没有出现任何差错。而对于仓库保管员的工作，李亚晴也并没有懈怠，同样做得规整利落。仓库共有700件物品，只要一有时间，李亚晴就在仓库里仔细地盘点、核算，反复地擦拭、整理货物。因此，库房里的物品总是摆放得整整齐齐，从来没有出现过杂乱无章的现象。

由于工作的出色和努力，李亚晴多次被企业评为先进职工，获得了“全国五一劳动模范”的光荣称号。

李亚晴通过自己的努力工作，为自己赢得了荣誉的同时，还得到了企业的肯定和认可，成为企业的骨干员工。即使是在萧条的经济危机之时，这样的员工也是企业必定愿意留下的员工。

我们应该珍惜工作，工作给了我们实现自己价值的机会，为我们提供了很好的平台。没有工作，就不会有自己未来的事业。一个人只有感恩工作，才能把工作当成自己的事业一样用心努力地经营，才能在工作中倾注自己全部的激情和心血，也才有可能取得最大的成功。工作意味着要不断思考、实践、创造，我们的事业就是在一系列的实践和创造中建立起来的。当我们顺利出色地完成某项工作时，就会发现，我们的才能和经验也得到了提高，我们的价值得到了体现。对于感恩工作的人来说，会甘心为工作付出自己的一切，尽最大的努力，而在这个过程中，我们的才能得到了充分的体现，自然会得到企业和领导的认可。

在一些企业中，一直有不少的员工做不到尽心尽力地工作，造成这样的一个重要的原因就是他们只是把工作看作是养家糊口的手段，是不得不做的差事，对工作没有任何责任感和荣誉感。还有的员工认为，他给老板做，老板给他工资，这是一种等价交换，双方谁也不欠谁。对于能够得到这样一份工作，他们也没有一丝一毫的感激之情。如此一来，他们的内心就会产生一种不负责任的工作态度，他们永远也想不到：感恩工作，努力工作，最大的受益者其实是自己。

心存感恩的人把工作看作是一种极好的馈赠，既然接受了这种珍贵的恩惠，就一定要懂得感恩，从而激发起自己努力工作的敬业态度，同时让身边的人都能够感受到这种恩惠的结果。这样的员工也许对升职加薪并没有太多的期望，他们所做的事情都是发自内心，而内心的感动又会带给他们更多的收获，让他们把感恩当成一种习惯，而他们最后往往是职场中最大的赢家。

工作带给我们的绝对不会比你想象的少。在工作中收获到的成长，哪怕只有点点滴滴的感恩都会在最后为我们带来实实在在的收获。因此，从现在开始，感恩工作，珍惜工作，端正态度，从身边的事情做起，努力奋斗，相信将来你一定会得到令自己满意的回报。

2. 努力工作是幸福人生的支点

在我们身边经常能听到不少喜欢换工作的人发出这样的感慨："拥有的时候没有好好珍惜，等到失去时才懊悔不已。"之所以会有这样的感叹，就是因为他们没有在拥有一份好工作时感到珍惜和感动，而是"这山望着那山高"。事实上，没有任何工作离不开你，而是你离不开工作。如果没有了工作，你就等于失去了幸福的生活，如果没有了工作，你就等于失去了实现自己价值的平台，如果没有了工作，你的生活将变得索然无味。

尽管，工作的辛苦和劳累不言而喻，但是工作同时带给你的人生体验却是丰富多彩的。用心工作着的人，心里的感觉是自豪和踏实的。工作让你感受到人生的意义。在工作中感受到同事间的合作，获得的友谊会让你感到真情的可贵。即使工作让你产生烦恼，可以和同事互相鼓励。我们因为工作着而快乐着，因为工作让我们走在一起，一同努力，获得了珍贵的友谊。工作让我们的精神富足，为我们提供了物质的保证，我们应该分外珍惜工作的机会。

人的劣根性就是这样，在拥有的时候不知道珍惜，等失去了才觉得后悔。如果在有工作的时候就努力踏实地做好每一项任务，把工作中遇到的每一次挫折都当作是磨炼和学习的机会，保持内心的平静和喜悦，心怀感恩的心，那么你就是最幸福的人。

努力工作的过程是一种很充实的经历，在向着自己的梦想而努力拼搏的路上，总是有风雨也有阳光。正因为有了风雨的浇灌，才有了阳光的灿烂。一个人只有把工作看作是生命中最重要的事情，才会努力去做，并且充分感受到成功后的欣喜和快乐。把工作当成人生最大的乐趣努力经营，你的生命才会有源源不断的动力。有了动力，才有了目标，那么每一天的日子就不会单调乏味。

可见，只要改变态度，就能在工作中过得很充实，为了自己的梦想努力打拼的过程是幸福的。梦想就是动力，就是希望，有了梦想和希望，人们才会变得干劲十足，精神百倍，每天都以最好的状态投入到工作中去，工作也更容易取得成功。工作能让人变得成熟、睿智，每经历一次磨难，就会增添一份成熟和阅历，日积月累，你的人生就会焕发出智慧的光彩，为你照亮脚下的路。

1964 年，只有 18 岁的崔世红从电车技校毕业后，来到了一家电车公司，担任售票员的工作。他所在的 113 路电车的售票员工作十分单调，每天只能待在固定的小空间里重复着卖票、报站名等工作，每天在电车上为来往的各种各样的人服务。几十年如一日的工作，任谁都难免有烦躁焦虑的时候，也不能避免跟人产生摩擦，但是崔世红却是 113 路电车车队中出了名的“老好人”。他每天总是面带笑容，对谁都是乐呵呵的。每当有人问起他为什么总是这么好脾气时，老崔笑着说：“对人和气点，耐心点，有礼貌点，这样什么事情都好解决。”同事一提起崔世红，都认为他是心态好，遇到事不着急。

崔世红从事售票工作的 40 多年来，一直诚心诚意地为每一个乘客提供贴心的服务，受到了很多乘客的尊敬和感激。因为参加工作早，崔世红也算是北京资历最老的售票员了。现在的他已经光荣退休了。但是每当谈起他 40 多年来的售票员的工作，他总是感慨地说：“如果让我下辈子做售票员，我还是不会腻，售票就是我最大的乐趣。”

把卖票这个简单平凡的工作当成是人生最大的乐趣，这也是崔世红受到人们尊敬的最重要的原因。因为热爱自己的工作，崔世红的人生充实而又幸福。即使没有取得多少的成就,但是一个普通人做好自己的本职工作,得到人们的肯定和尊敬,难道还有比这更让人感到幸福的事情吗?

在很多人看来,卖票是一件既单调又乏味的工作,跟快乐和幸福一点儿都搭不上边,但是崔世红却并不这样认为,他用自己的实际行动证明了,即使再单调乏味的工作,只要努力去做好,一样可以得到人们的尊敬,一样是一种幸福。可见,只要努力去做,任何工作都可以成为我们幸福的源泉。心怀感恩,以一颗从容淡定的心去面对工作中的种种苦难,无论遇到多少困难,都用一种豁达的心接纳,这就是幸福工作的境界。所谓的单调、乏味等这些让人不舒服的东西,总是会让人觉得烦恼,但是在真心热爱自己工作的人面前,这些都会变得无影无踪,这也是人生的一种境界。

李嘉诚说:"真正的幸福来自于内心的富有。"这种内心的富有,说的就是一种幸福的境界,让自己的内心充实,就能够增强幸福的感受。用从容客观的心态去对待工作,就会发现原本工作中的许多不如意会随风而逝,这样我们自然能够感受到一种幸福工作的人生境界。

我们应该在日复一日重复的工作中找到乐趣,并且在乐趣中发现机会。不能只是把眼光停留在我们得到了什么,而是应该看到,这个能得到的机会能让我们证明自己什么样的价值。的确,日复一日的工作会让我们有时候感到很乏味,但是如果能够用智慧的眼光,带着思考去工作,即使再简单单调的工作都会成为我们成功的奇迹。把眼光放远一些,试想一下工作能给我们今后的人生带来什么样的帮助。要知道,越是勤奋努力地工作,工作带给你的"报酬"就越丰厚。等到积累了一定的程度,工作就不再单调乏味,崭新的局面就会跟着打开,更加广阔的未来在向你招手。

在现代社会中,天才能够取得的成就,普通人只要通过勤奋努力的工作一样可以获得,而通过勤奋努力取得的成就,却是那些"天才"没有办法获得的。因此,对于那些企业的员工来说,想用小伎俩、小心眼来获得真正的成功是不可能的。即使有着过人的才干和天才的智慧,如果不采取任何有效的行动,那么你的才干和智慧只能变成你的包袱,不能起到任何的作用。要知道,只有努力工作才是走向幸福人生的唯一途径。

3. 胜利女神总是青睐既努力又懂得感恩的人

有不少聪明的人总是不把勤奋努力、对工作充满感激的人看在眼里。在他们看来，胜利需要人们的聪明才智、能力，再加上好的机遇。但是事实真的是这样吗？如果一个业务员的梦想是当一个成功的商人，但是当他在临死前还是没能实现这个梦想，因为他从来没有为这个梦想而努力，在我们看来他是不是很可笑？

的确如此，空有梦想，却不愿意付诸行动，那么空有梦想和才能，却不懂得感激现有的工作并作出切实的努力，梦想就变得可笑了。胜利女神只会青睐那些既努力又懂得感恩的人。

在人生漫长的道路上，会出现各种各样的机遇和挑战，能否取得最后的胜利，也许和你的天分有一定的关系，也许还和你的运气有关，但是这些都不是最重要的。最重要的是你有没有切实的努力，有没有感激和珍惜身边的一切。

对于企业员工来说，只有感恩工作，珍惜工作，才能为了工作而付出自己全部的精力，才能为了工作而默默努力。努力的多少和成功的大小是成正比的。工作不仅能够保证自己的生活，又能给生活增添很多的乐趣，甚至可以说，工作是生命中最重要的东西。只有心怀感恩，才懂得珍惜工作，并愿意为之努力。只有对工作、对企业、对提拔你的领导和关心你的同事抱着一种感恩的态度，才不辜负工作给予的一切。

一个拥有感恩之心的员工，就会对工作充满感激之情，由此而产生出一种努力工作的敬业精神。体现在具体的行动上，感恩就是为企业带来实实在在业绩上的回报。一个懂得感恩，尊重自己的工作，并且对工作投入自己的全部身心的员工，才能取得事业的成功。拥有了对工作认真负责的精神，企业才能得以顺利发展，员工个人的价值才能够得到最大限度的发挥,最终成就一番事业,实现自己的人生价值,获得最大的胜利。

让我们来看看收银员杨佳的故事:

看过杨佳收银的顾客都会忍不住这样夸赞她:"看她收银,就好像在看一场高水平的表演,让人叹为观止。"为什么顾客会对她有这样高的评价呢?

关键就在于杨佳的一双手。她的手是全国商业服务行业里最快的一双。从扫描录入条码,到敲击键盘,再到商品装袋、点钞清零,只看见手影挥动,看不到手指,而她点钞的准确更让人惊叹不已。

在2004年的10月,杨佳凭借优秀娴熟的收银业务获得了"全国商业服务业收银员银行卡知识、技能竞赛"的冠军。由于业务的出色和高效,杨佳所在的超市还专门为她开设了冠军通道——杨佳快速收银通道。

正所谓行行出状元。然而状元的出现也并不是天生如此,也需要勤奋努力。杨佳刚开始进入超市工作时,还只是一个17岁不谙世事的小丫头,连跟陌生人说话都会常常面红耳赤。在超市的营业高峰期,一看到收银台前排着长长的等着付款的顾客,杨佳就慌得手忙脚乱,在扫描条码时就会出现状况,两手发抖,还经常出错。为此,杨佳经常受到顾客的抱怨和值班经理的"警告"。

后来,在同事和姐妹们的帮助下,杨佳克服了紧张的毛病,还学会了如何同顾客轻松沟通。从羞怯中走出来的杨佳内心充满阳光,也深切地领悟到努力工作的重要性。此后,她把重点放在了提高收银技巧上,她发现,收银流畅顺利的关键就是收银的速度。于是,她开始加紧训练收银速度,有事没事就留意超市卖场里的各种商品,熟记条形码位置,以方便能够一接到商品就能迅速无误地扫入条码,快速收银。此外,她还经常利用休息的时间苦练点钞的技巧。工作再辛苦再劳顿,她都坚持每天训练,被她练坏的点钞券已经不计其数了,她的手指也常常留下被点钞券划出的血痕。就这样,三年过去了,她的右手拇指和食指的指纹几乎被点钞券磨平了。

杨佳把自己的全身心都投入到了快速提高工作技能上，可以说，她的辛勤的汗水终于得到了回报。她的点钞速度从原来的 25 秒提升到了 13 秒，她还掌握了一指多张、五指多张、单指单张等多种花样的点钞方法。在录入条码时，她从两指录入提升为五指录入，不仅提高了准确性，还把原来的录入 50 个 13 位数字的编码时间从 1 分 59 秒提高到 1 分 50 秒，刷新了行业纪录。

从懵懂的小丫头变成享誉全国的收银冠军，杨佳为自己赢得了荣誉的同时，也证明了自己的价值。虽然年纪小，工作时间也不长，但是通过她的勤学苦练，不仅扎实了基本功，业务水平也得到了快速的提升，在企业领导和同事面前展示了自己作为优秀员工的风采。一个企业要想得到全面的发展，这样的员工是必不可少的。而杨佳在自己岗位成就的骄人的成绩也说明，只要努力就一定会为自己带来回报。

只有当我们把工作当作是一个实现自我价值的舞台，努力上演我们的角色，并用感恩之心对待工作，才能充分激发出内心对工作的热忱。失去了感恩之心的人是经不起任何风雨的，任何一点企业的风吹草动都会令没有感恩心的人惶惶不安。在这些人的心中始终认为自己是一个外来人，这种不良的心态让他们觉得自己没有必要较真，让他们觉得自己在哪里工作都是一样的结果。这样的人是可悲的，他们不懂得担当，没有感恩心，也不懂得努力，他们只能成为企业中的过客，只能与失败为伍。

工作是让我们通往胜利的阶梯，每一天的每一个新任务都是一段新的开始，珍惜每一次的机会，用感恩的心面对工作，你就等于推开了成功的胜利之门。

4. 感恩企业,是它给了你成功的舞台

感恩是一种美德,同时也是一种对工作的很好的态度。在企业中懂得感恩的员工不会斤斤计较,也不会一味地索取,不懂得付出。平心而论,我们的身边不乏只想拿钱不想多干活儿的人,这些员工没有任何感恩的意识,也不知道珍惜工作,感激企业给予自己的工作机会。他们不断要求企业能够多给他们工资,但是扪心自问,他们又为企业付出些什么?还有的员工不分对错,即使做错事情也不愿意承认,只知道推诿责任,没有一点耻辱感,还有的员工为了自己的私欲不惜出卖企业,投机取巧,损害企业利益,违法乱纪……其实,之所以会产生这样的心理,就是因为他们缺少一颗感恩的心。

"滴水之恩,当涌泉相报。"对别人的点滴帮助都铭记于心,那么为什么不能对培育我们的企业心怀感恩呢?企业给了我们施展能力和证明自己价值的很好的平台。我们通过企业给我们的工作机会,获得了稳定的经济来源,还可以通过自己的努力获得更高的物质享受;企业还是培养我们成长的"导师",企业的文化和管理制度在很大程度上激励、指引着企业员工的斗志和前进步伐,为员工的个人成长和发展提供了广阔的空间,因此说,我们应该感恩企业。

那么,应该怎样感恩企业呢?应该带着感恩的心去工作。工作是生命中最重要的礼物,而感恩是对工作的最好的回报。做一个爱岗敬业的优秀员工,一定要学会感恩,并且把感恩养成一种习惯,融入进自己的工作准则中去。严格遵守企业的各项规章制度,不说不利于企业发展的话,不做不利于企业发展的事,时刻以感恩的心忠诚地对待自己的企业,热爱工作,珍惜工作,把自己当成是企业的主人翁,与企业同甘共苦,和企业携手前进。

十几年来，全英子一直是整个延边朝鲜族自治州供电系统里唯一的一名女电焊工。她所在的维修队承担着延边供电公司15万平方米的采暖系统检修维护的重要工作。采暖系统是物业维修队的重要部分，而全英子就肩负着整个供水供暖管道的维护焊接任务。在过去由于条件差，各类管道大多都是地埋管道，还有的是在地沟里架设的管道，因此全英子的工作环境非常差，基本上可以用“脏、臭、累、冷”这4个字来概括。

需要焊接的部位很低，她就要经常弯着腰，低下头进行焊接工作，如果漏水的地方有积水，她就得穿上胶鞋站在水中焊接。在地沟里进行焊接工作时，经常被弄得一身是泥。而更多的时候，由于工作环境狭小，全英子就需要缩着身子进行焊接。就是在这样恶劣的环境里，工作起来相当不容易。每当完成了一项焊接的任务，全英子总是累得腰酸背疼，连身子都直不起来。如果赶上三伏天或三九天，这种工作的辛苦程度就会增加好几倍。

作为一名女焊工，在每次大修中，全英子都必须克服种种困难，和男同事一起工作。在施工的现场常常没有可以避风和取暖的地方，就连上厕所的地方都没有，女同志的不便之处可想而知，但是全英子从来不叫一声累，不喊一声苦。同男同事一样，从早干到晚，没有任何怨言。

焊接工作不仅非常辛苦，而且对技术的要求也很高。全英子是维修队里公认的维修高手，她焊接过的锅炉几乎没有出现过任何的漏点。有一次，地下管道急需更换，但是地沟里充满了沼气和粪便，阵阵的恶臭让大家都退缩不前。全英子看到这一切，二话没说就跳下去开始了焊接的工作。

在别人看来，全英子比男同事还要吃苦耐劳，而全英子则认为，她所做的一切都是一个合格的员工应该做的事，她感谢企业给自己提供了工作的机会，也十分珍惜工作，用自己敬业的态度书写着自己的敬业精神。

2007年，全英子被延边朝鲜族自治州总工会授予“十佳女职工建功立业标兵”的光荣称号。

企业为你提供了工作、学习和生存的良好环境,因此,要学会感恩企业,用感恩的心对待工作,为企业贡献力量。一个懂得感恩企业的员工,才会珍惜所取得的成绩、地位和荣誉,才能有更大的收获。心存感恩,才能想着为企业多做事,做好事,才能不断让自己产生为企业奋斗的持久动力。

有不少员工在自己的岗位上工作时,总是觉得自己是企业大材小用,委屈了自己,自己明明有能力,却迟迟都得不到企业的重用。其实,他们从来没有意识到,根本就没有企业缺你不可,也没有哪一份工作非你做不可。聪明的员工应该改变心态,懂得是你需要一份工作才维持你的生活,实现你的价值,而企业正是为你提供了走向成功的舞台。所以,应该珍惜来之不易的工作,感恩企业对自己的知遇之恩,同时尽自己的全力为企业的发展而努力,这样回报了企业的同时,也为自己的成功增加了筹码。

拥有感恩的心,事业才能取得成功。因为对于企业员工来说,只有在感恩企业,热爱工作,珍惜工作的前提下,才能尽自己的全力把工作做到最好。如果能以奋斗不息的精神和对工作的无限激情去工作,才能充分发挥出自己的能力和特长。用自己的努力全身心地投入,那么即使是最平凡的工作,也能做出不平凡的成绩,成为优秀的精英骨干。

5. 感恩生命,努力工作成就卓越的自己

俗话说得好:"人往高处走,水往低处流。"积极向上,严格要求自己,不懈努力是每一个有理想的员工的特点。然而,并不是每一个人都可以真正做到出人头地、出类拔萃。想要不流于平庸,让自己变得卓越,就要比别人更加努力,付出更多的汗水和心血,向更高的目标前进。任何人的

成功都是需要付出代价的，如果不知努力，只在原地等待天上掉馅饼，那么永远都不会有成功之日。只有那些努力进取的人才能以实际的行动来达成理想，最终登上胜利的高峰。

很多成功者的经验都告诉我们一个共同的道理：一个怀有感恩之心的人，才能更加珍惜工作带给他的一切，也比别人更容易拥有成功的事业。我们身边的大部分的人大都是平凡的普通人，从事着平凡的工作，但是心怀感恩的人对工作要比其他人更加认真负责，也更加努力。而事实上，正是因为他们懂得感恩，那些看起来平凡无奇的工作却做得津津有味，乐此不疲，他们也更容易让自己在工作中取得出色的业绩，让自己变得卓越。

唐骏在自己的自传中说："当我进入微软时还只是一个编写源代码程序软件的普通的工程师。那时和我一起进入微软的同事们都比我优秀很多。其中有一个22岁就拿到了博士学位的天才就让我印象深刻。而这样的优秀人才在微软比比皆是。我所工作的微软开发部门里有3000多个员工，每个人都是厉害的技术行家，写起程序来驾轻就熟。我没有一样能比过他们，口才不如他们，沟通也不如他们，程序就更不用说。我压力很大，完全看不到自己有出头的机会。我甚至还问自己，是不是不应该进入微软？如果想感受大公司，完全可以进到这里参观一下，为什么要顶着巨大的压力，付出这么大的代价呢？我对Windows了解并不多，而别人已经在这里做了好多年了，自己一个新人什么时候才能出人头地？"

"看到我同微软其他同事的差距，我并没有就此放弃，我对自己说，没关系，我就是从逆境中走出来的。我在微软公司的排名是最后一位，应该如何脱颖而出？思考之后，我告诉自己，只有勤奋努力这一条路。要成为职场竞争中的佼佼者，就一定要比别人更努力。每个人一出生时的智商都相差无几，后天的差距就是努力的程度不同导致的。我每天比你多工作一个小时，就意味着我成功的概率会更高。"

"当时我住在人力资源部安排的离公司不远的一套三室一

厅的住宅，我可以免费住三个月。但是我在住处待的时间并不多。每天下班我都留在办公室看书，周末也是一样。有关程序开发的书很复杂，我看不懂也得硬着头皮努力看。开始的几个月我根本没有休息的时间，抓紧一切时间努力学习，希望不至于被同事们甩在后面。那时我唯一的念头就是千万不要掉队，还不敢奢望能够超过别人。我经常请同事为我写的源代码提出一些修改意见，同事们都很愿意帮助我。五个月之后，渐渐拉近了和同事之间的距离，工作没有原来那么吃力了。这时，我开始考虑，如何为自己赢得更多的机会。"

"就是那时起，勤奋努力成为了我职业生涯的标签。在微软工作的时期，平均算起来，我恐怕是去得最早，走得最晚的人了。如果哪一天因为早上堵车而迟到，我会有强烈的愧疚感。离开微软之后，我给比尔·盖茨发了一封电子邮件。在邮件里，我讲述了我在微软十年里如何努力，如何辛苦地付出，不能说我是过去十年里微软最努力的员工，但是我敢说微软的任何一个员工都没有我勤奋。我一直为我的理想努力着，而最后我得到了自己想要的一切。"

唐骏的成功有目共睹，从他的自传里我们能够读出一种信息：世界上没有随随便便的成功，成功的道路是用努力铺就的，要想获得成功，必须付出十二分的努力。尤其在一个人的职业生涯初期，没有任何可以值得炫耀的资本，勤奋努力才是唯一可以帮你走向成功的助推器。

一个懂得感恩的人，珍惜现有的一切，并为了自己的理想而努力拼搏，最终才有可能成就他生命的高度，帮助他迈向成功的职业发展之路。懂得感恩的人，说明这个人对自己和他人、社会之间的关系有着清晰而准确的认识，因为感恩而产生的报恩的意识就是在这种正确意识引导下的责任感。如果失去了社会成员的感恩和报恩之心，很难想象这个社会能够正常发展下去。在感恩的带动下，人们才能真正做到严格要求自己，对别人包容，才能认真负责地从每一件小事做起，正视错误、反省自己、互相勉励、互相帮助，最终赢得生命和事业的辉煌成就。

有一份固定的工作，自己的物质、精神生活才有了寄托，工作让自己能够哺育儿女上学读书，侍奉父母得享天年。工作是上天的恩赐，让自己从工作的过程中得到激情和自信。工作是一种重要的生活方式，是滋养你成长的甘露，因此我们没有理由不回报它。

我们应该感恩生命，用感恩的心态对待工作，感恩的心是一个人、一个团队、一个企业走向成功的基石。在某种意义上来说，感恩是让我们走向卓越的必要条件，想要在事业上取得最大的成功，就必须心怀感恩，珍惜工作，这样才能对工作倾注自己无限的激情，才能产生无限的创意，让你体会到实实在在的成就感，享受到成功完成工作带来的快乐。

人的一生只有短短的几十年。生理意义上的生命不能永远存在，而精神意义上的生命却是可以永存的，这就是生命的价值。当我们回顾历史，只有两种人能够让我们铭记：因为卓越而流芳百世；因为做尽坏事而遗臭万年。以第二种方式被人记住，这恐怕是谁都不愿意的。因此，如果不想虚度人生，不想拥有一个遗憾的人生，我们只有一条路可以走，那就是心怀感恩，努力工作。只有让生命充满成就，人生才不会后悔。我们越是心怀感恩，努力工作，就越不会觉得遗憾。

须知，生命是价值的载体，我们要感恩生命，在有限的生命中创造无限的价值，生命就能更加丰富多彩。生命的潜能是无限的，只要努力拼搏，就能够获得巨大的人生成就。

心怀感恩地去工作，感恩生命的赐予，让感恩融入我们的血液之中，成为我们身体里抹之不去的情怀，挥之不去的感情，让感动在我们的工作中贯穿始终，成为一种在人间传递和延续的大爱，让感恩的情怀改变我们的命运，让心灵充满朝阳，激发我们的人生智慧，成就杰出的事业，成就卓越的自己，收获圆满的人生。